AF672223

Schriften des Verbandes Deutscher Diplom-Ingenieure.

II.

Der Umschlagverkehr in Baumaterialien auf den Berliner Wasserstraßen und die Zweckmäßigkeit der Verwendung mechanischer Entladevorrichtungen für den Ziegeltransport.

Von

Dr. Ing. C. Claus

Dipl.-Ing.

Mit 15 Abbildungen und 5 Tafeln.

Berlin W.
Verlag von M. Krayn
1910.

Wer Gelegenheit hatte, den Schiffsverkehr zu beobachten, der sich am Niederrhein in großzügiger Weise vollzieht, wird erstaunt sein, wenn er zum ersten Male das Leben beobachtet, das sich auf den Wasserstraßen Berlins abspielt. Geht man den Gründen nach, die es erklären könnten, warum ein ähnlich großzügiger Wasserverkehr in Berlin seither nicht möglich war, warum noch immer der Schiffer in mühsamster Weise die Güter ans Ufer karrt ohne entsprechenden Lohn für all sein Mühen, wenn man nach Abhilfe sucht gegen die stetig größer werdende Überfüllung der doch so ausgedehnten Wasserstraßen, so findet man ein vielgestaltiges Durcheinander von althergebrachten Formen, Handelsgebräuchen und Vorschriften, die sich nur schwer zu einem einheitlichen Bilde vereinigen lassen, um so mehr, als in letzter Zeit durch entstehende Großbetriebe ungewöhnlich scharfe Interessengegensätze einer objektiven Beurteilung vielfach im Wege stehen.

Diese Gegensätze, die besonders seit dem Auftreten der Ziegeltransportgesellschaft mehrfach die Öffentlichkeit beschäftigten, ließen es im Interesse einer fortschreitenden Entwickelung erwünscht erscheinen, eine unparteiische Schilderung zu geben unter Berücksichtigung aller berechtigten Interessen.

Zu diesem Zwecke wurde neben dem Aktenstudium der Städte Berlin und Charlottenburg, der Berliner Handelskammer und der Ziegeltransport-Aktiengesellschaft besonderer Wert darauf gelegt, durch persönliche Fühlung mit den maßgebendsten Beteiligten eine möglichst richtige Auffassung der Lage zu bekommen. Auch der eigentlich technische Teil, der den ersten Anlaß zu der vorliegenden Arbeit gab, setzte ein Eingehen auf die allgemeine Lage voraus, da, wie die Erfahrungen der Ziegeltransport-Aktiengesellschaft am besten beweisen, die erfolgreiche Einführung mechanischer Entladevorrichtungen für den Ziegeltransport in erster Linie genaue Kenntnis bestehender Zustände erfordert, die bei Einführung technischer Fortschritte hier eine entscheidende Rolle spielen.

Im besonderen wurden einzelne Fragen mit folgenden Herren besprochen:

Alberti, Stadtrat (Verkehrsdeputation der Stadt Berlin);
Becker, Maschinenfabrik, Reinickendorf;

Bergantzky, Sekretär (Verkehrsdeputation der Stadt Berlin);
Bernoulli, i. F. Bernoulli & Co., Steinhandlung;
Bleichert, Maschinenfabrik, Leipzig-Gohlis;
Bredtschneider, Baurat, Tiefbauamt Charlottenburg;
Evers, Vorsitzender des märkischen Ziegeleibesitzerbundes;
Guthmann, Robert, Berliner Kalksandsteinwerke;
Harkort, Vorsitzender des Aufsichtsrates der Ziegeltransport-Aktiengesellschaft.
Heuer, i. F. Heuer & Hennig, Vorsitzender des Verbandes der Baugeschäfte;
Lehmann, Dr. phil., Chemiker, Schriftleiter des märkischen Ziegeleibesitzerbundes;
Rauh, Direktor des Zentralverkaufskontor für Hintermauerungssteine A.-G.;
Roghé, Dr., Syndikus der Handelskammer;
Rosenthal, Direktor der Steinhandel-G. m. b. H.
Rother, Generalagent der „Wilhelma";
Schäfer, Direktor der Ziegeltransport-A.-G.;
Seyffert, Baurat (Verkehrsdeputation der Stadt Berlin);
Vortisch, Vorsitzender der Transportgenossenschaft, Berlin;
Wiesener, vereidigter Havariekommissar.

Es handelt sich besonders um folgende Fragen:

1. Ist die Umgestaltung des Wasserverkehrs, wie sie durch die Ziegeltransportgesellschaft angebahnt ist, im Interesse der Allgemeinheit?
2. Ist das Verschwinden der selbständigen Kleinschiffer bedauerlich?
3. Ist die Verwendung von mechanischen Entladevorrichtungen möglich und wirtschaftlich?
4. Können solche Vorrichtungen der Allgemeinheit zur Verfügung gestellt werden, oder führen sie zu einer Zentralisation?
5. Ist eine Zentralisationsbewegung in diesem Falle eine Gefahr?
6. Ist das Melde- und Abgabewesen in Berlin noch zeitgemäß?
7. Wie stellen sich die wirtschaftlichen Ergebnisse der einzelnen Schiffsarten zueinander auf verschiedenen Strecken?

Der Umschlagverkehr in Baumaterialien auf den Berliner Wasserstraßen.

Berlin erhielt trotz seiner Lage im Binnenlande an wenig bedeutenden Wasserstraßen lange Zeit von allen deutschen Städten die größten Gütermengen auf dem Wasserwege. Erst in jüngster Zeit wurde es von Ruhrort-Duisburg und Mannheim überflügelt. Die Tonnenzahl der zu Wasser ankommenden Erzeugnisse betrug im Durchschnitt der letzten fünf Berichtsjahre (1904—1908) der Berliner Handelskammer rund 8 400 000 t, im Jahre 1908 7 007 285 t.

Diesen großen Verkehr verdankt Berlin seinen Kanälen, die es mit Elbe und Oder verbinden, und deren Ausgestaltung sich schon die brandenburgischen Kurfürsten zur besonderen Aufgabe gemacht haben. Nach Fertigstellung des Mittellandkanals und des im Bau befindlichen Großschiffahrtsweges nach Stettin wird sich dieser Verkehr noch bedeutend steigern.

Neben Stückgütern aller Art sind es besonders Getreide, Mehl, Holz, Kohlen und Baumaterialien, die den billigen Wasserweg bevorzugen. Naturgemäß nehmen die Baumaterialien die ersten Stelle ein, da sie auf niedere Frachten angewiesen sind und da ihre Menge bei dem riesigen Ausdehnungsdrange der Hauptstadt die aller anderen Güter weit übersteigt.

Der Unterschied in den Frachten zwischen Eisenbahn und Schiffstransport tritt hier am augenfälligsten in die Erscheinung bei dem Bezuge von Pflastersteinen, die besonders aus diesem Grunde fast ausschließlich aus Schweden beschafft werden.

Die Hauptmasse der Baumaterialien besteht aus Sand und Ziegelsteinen. Bausand ist in der Mark ja reichlich vorhanden, und seine Beförderung bietet für die Allgemeinheit wenig Interessantes, um so mehr als die Mörtelbereitung in Berlin nicht auf den einzelnen Bauten erfolgt, sondern von besonderen Mörtelwerken, die den Markt beherrschen und sich die sachgemäße Zusammensetzung angelegen sein lassen.

Soweit die Werke in Berlin liegen, erfolgt die Entladung der ankommenden Sandkähne mit Becherwerken, die an mehreren Stellen gleichzeitig in den Kahn eintauchen und denen das Material zugeführt wird. Transportbänder besorgen die weitere Aufbereitung. Der fertige Mörtel, der in Berlin ankommt, wird im Kahn in Gefäße geschaufelt, die mit einem Drehkran gehoben und für Bodenentleerung eingerichtet sind.

Die in Berlin befindlichen Mörtelwerke haben sich im Herbst 1908 zu einem Syndikat auf eine längere Reihe von Jahren zusammengeschlossen, indem sie eine gemeinsame Verkaufsstelle als G. m. b. H. gründeten. Die Mörtelpreise zeigen infolgedessen einen ziemlich gleichmäßigen Stand.

Anders verhält es sich mit Ziegelsteinen. Hier ist ein fortwährendes Schwanken zu beobachten, das zu der Bautätigkeit in engen Beziehungen steht. Zeiten fieberhafter Tätigkeit wechseln mit völliger Lustlosigkeit oft so plötzlich ab, daß bei Mauersteinen Angebot und Nachfrage sich nicht entsprechen können, um so mehr als die Herstellung gebrannter Steine der Lieferung beträchtliche Zeit vorauseilen muß. Das Auftreten des Kalksandsteines, der jederzeit schnell hergestellt werden kann, dürfte die Gegensätze etwas mildern.

Wie stark die Preisschwankungen sind, zeigt das Jahr 1908, in dem bei sehr geringer Bautätigkeit viele Ziegeleien gezwungen waren, ihre Bestände abzusetzen. Die Preise für Hintermauerungssteine fielen nach dem Bericht der Handelskammer im August und September bis auf 16—17 Mark für das Tausend, wobei von einem Nutzen für den Fabrikanten kaum noch die Rede sein konnte. Anfang November entstand bei eintretendem Frost und Belebung der Bautätigkeit plötzliche Nachfrage, sodaß Abschlüsse bei sofortiger Lieferung nur zu 25—27 Mark erfolgen konnten.

Während die Mörtelwerke unmittelbar an den Verbraucher liefern, erfolgen die Abschlüsse in Ziegelsteinen in der Mehrzahl durch selbständige Steinhändler, die von den Ziegeleien ganze Ladungen „frei Ufer“ beziehen und in Berlin an irgendeiner Stelle ausladen lassen. Die Ware wird an die Bauten weitergegeben oder auch auf Lager, auf den „Stätteplatz“, genommen, je nachdem die Lage des Marktes es vorteilhaft erscheinen läßt.

Der Eigentümer des Stätteplatzes ist vielfach nicht selbst Händler, sondern benutzt diese Verwendungsart seines noch unbebauten Wassergrundstückes zu einträglichem Erwerb. Bei der zunehmenden Bebauung und dem Streben der Gemeinden, zur Verschönerung des Stadtbildes Uferstraßen anzulegen, verschwinden diese Stätteplätze immer mehr zur Freude der Nachbarschaft, die von dem Fuhrverkehr, dem Staub und dem Zustand des Platzes wenig erbaut ist.

In der Regel ist die Kahnladung für einen bestimmten Bau frei Ufer bestellt und wird nach dem Ausladen sofort abgefahren. Der Händler bezahlt lediglich die Ware und läßt Fracht und Abfuhr vom Empfänger entrichten, da er gerade in Berlin damit rechnen muß, daß ein Teil seiner Kundschaft lediglich baut, um einen Erwerb zu haben und daß dabei für die Erfüllung der Verpflichtungen vielfach nicht die nötige Sicherheit geboten ist. Nur bei Aufträgen für Behörden wird frei Bau abgeschlossen.

Der Verkehr mit Ziegelsteinen heftet sich naturgemäß an die Produktionsstätten, die seither angewiesen waren auf das Vorhandensein eines brauchbaren Tones. Elf Gebiete kommen dabei für Berlin in Betracht, über deren Leistungsfähigkeit aus dem Jahre 1907 eine Statistik vorliegt. (Vergleiche Tafel I, Karte der märkischen Wasserstraßen, mit den eingetragenen Zahlen der jährlichen Leistungsmöglichkeit in 1000 Steinen.) Die Werke dürften bei dem geringen Bedarf des Jahres 1908 etwa 40% dieser Zahlen geliefert haben.

Eine Ausnahme hiervon macht Brandenburg, dessen Lieferungen stärker als die der anderen Gebiete zurückgegangen sind. Die Ziegeleien sind dort vielfach genötigt, Baggerton aus den Seen zu verwenden oder das Material zu beziehen, da ihre eigenen Lager erschöpft sind.

An erster Stelle steht das Zehdenicker Gebiet, da dort auf einer Strecke von etwa 8 km am Wasser ein bedeutendes Tonlager von guter Beschaffenheit vorhanden ist, das alle anderen weit übertrifft und für die Preisbildung ausschlaggebend ist. Die Zehdenicker Hintermauerungssteine sind wegen ihrer gleichmäßigen Beschaffenheit geschätzt.

Die benutzte Statistik dürfte schon jetzt nicht mehr zutreffen, da das inzwischen erfolgte weitere Vordringen der Kalksandsteine das Bild verschoben haben wird.

Durch die Einführung der Kalksandsteine, die z. Z. etwa den vierten Teil des ganzen Bedarfs decken, ist eine größere Unabhängigkeit von der geologischen Beschaffenheit des Landes eingetreten, da der zur Herstellung der Steine nötige Sand in Berlin selbst und in seiner nächsten Umgebung reichlich vorkommt. An Kalk ist kein Mangel vorhanden, da die Rüdersdorfer Brüche noch lange Zeit den Bedarf decken können.

Der Verkauf der Kalksandsteine erfolgt seit dem Herbst 1908 durch das Kalksandsteinsyndikat unter teilweiser Ausschaltung der Händler. Die Firma Robert Guthmann, die dem Syndikat nicht angehört, lieferte schon früher unmittelbar an den Verbraucher. Beide liefern „frei Bau“, bezahlen also Fracht und Abfuhr selbst, eine Annehmlichkeit für den Verbraucher, die den Wettbewerb mit „frei Ufer“ gelieferten Ziegeln vergrößert.

Für die gebrannten Ziegel besteht zurzeit keine gemeinsame Verkaufsstelle, da das „Zentralverkaufskontor für Hintermauerungssteine A.-G.“, das übrigens ausschließlich an Händler lieferte, nach dem Erlöschen der ersten Ziegelkonvention (1897 bis 1902) lediglich die Stellung eines Händlers einnimmt. Die Bestrebungen, die Zehdenicker Ziegeleien im Frühjahr 1909 zu einem Syndikate zusammenzuschließen, scheiterten ebenso wie Verhandlungen über eine neue Ziegelkonvention.

Es ist schon erwähnt worden, daß der Umsatz in Ziegelsteinen starken Schwankungen unterworfen ist. Im Jahre 1908 war er besonders gering und belief sich auf 1300 Millionen. Etwa 1000 Millionen Steine wurden auf dem Wasser verfrachtet.

In Anbetracht dieser Zahlen ist es verständlich, wenn der Verkehrstechniker mit gespannten Erwartungen nach Berlin kommt, wenn er glaubt, dieser ungeheure Umsatz auf dem Wasserwege wickele sich in ähnlich großartiger Weise ab wie der Personen- und Güterverkehr auf dem Lande.

Kommt man von Brennpunkten des Berliner Verkehrs, wie sie z. B. am Potsdamer Platz, am Bahnhof Friedrichstraße oder am Alexanderplatz sich gebildet haben, an eine Berliner Wasserstraße, so bietet sich in der Regel ein seltsames Bild rückständiger Verkehrsmittel und rückständiger Arbeitsweisen, das im Rahmen der hastenden Großstadt mit ihren Automobilen und Untergrundbahnen doppelt eigen berührt.

Auf schweren hölzernen Fahrzeugen, die meist noch mit langen Stangen durch „Staken“ fortbewegt werden, kommen diese gewaltigen Gütermengen nach Berlin. Außerhalb der Stadt gibt bei günstigem Winde ein Segel die treibende Kraft,

Abbildung 1. Stakende Schiffer auf dem Landwehrkanal in Charlottenburg.

an die Stelle des Stakens tritt der Zug vom Leinpfad durch Mensch oder Tier, und nur in Ausnahmefällen bei widriger Strömung oder sehr guter Konjunktur entschließt sich der Schiffer, den teuren Schlepper zu nehmen.

Nur im Gebiet der Oberspree und der unteren Havel, wo der Schiffer wegen des regen Fernverkehrs häufiger Gelegenheit findet sich schleppen zu lassen, bildet der Schleppbetrieb die Regel. Vor den Toren Berlins lösen sich die Schleppzüge wieder auf und die Kähne werden meist durch Staken innerhalb der Stadt fortbewegt. (Abb. 1.)

Der kleine Kamin am hinteren Ende des Fahrzeuges hält mit seinen friedlichen Rauchwölkchen jeden Verdacht fern, als stände er mit einer Kraftmaschine in Verbindung. Ein kleines Fenster im Schiffskörper läßt vielmehr erraten, daß im Innern eines engen gemeinsamen Wohnraumes das Mahl bereitet wird für die Schifferfamilie und den Bootsmann, die jahraus jahrein gemeinsam die märkischen Wasserstraßen befahren. Die Frau des Schiffers steht jetzt oben am Steuer und bei dem starken Verkehr muß sie tüchtig aufpassen, um das schwerfällige Fahrzeug rechtzeitig zu lenken. Etwas Wäsche, die im Winde flattert, einige Blumentöpfe und ein kleiner Hund, der rastlos auf den Planken einherläuft, vervollständigen das friedliche Bild.

Der hölzerne Kahn findet sich in drei verschiedenen Abmessungen. Der Breslauer Maßkahn (Oderkahn 55,0 : 8,0) hat etwa 500 t, der Berliner Maßkahn etwa 320 t und der weit verbreitete Finowkahn (40,2 : 4,6), der den Schleusen des Finowkanals angepaßt ist, etwa 200 t. Daneben finden sich gerade auch für den Steintransport noch Fahrzeuge mit geringeren Abmessungen. Überhaupt werden für den Steintransport nicht gerade die besten Fahrzeuge verwendet, entsprechend der Stellung des Steinschiffers auf der auch unter den Schiffern zu beobachtenden sozialen Stufenleiter. Eiserne Kähne sind kaum vorhanden.

Bei der gewaltigen Menge und der Gleichartigkeit des Materials beim Steintransport ist es erstaunlich, daß der ganze Verkehr sich in Formen abspielt, wie sie unverändert aus Urvätertagen übernommen sind.

Berührte schon vorher der Anblick des stakenden Schiffers uns wie ein Stimmungsbild als alter Zeit, so stehen wir mehr noch erstaunt an den Ladeplätzen für Steine, wo der Schiffer

Abbildung 2.

Auskarren der Ziegelsteine durch Schiffer in Charlottenburg.
Im Hintergrunde die Guthmann'sche Verladehalle am Salzufer.

mit seinem Bootsmann in tagelanger harter Arbeit sich müht, die Ladung, bei dem Finowkahn 55—60 000 Steine, mit Laufbohlen und Schiebekarren ans Ufer zu bringen. Hierbei wird er vielfach von seiner Familie unterstützt und allzu häufig sieht man innerhalb Berlins Frauen und Kinder bei dieser mühseligen Tätigkeit. (Abb. 2 und 3.)

Die Steine werden am Ufer gestapelt und mit Fahrzeugen aller Art abgefahren.

Während dieser ganzen Zeit, etwa 4—6 Tage lang, liegt der Kahn am Ufer und entzieht eine Strecke dem Verkehr, die bei schmalen Wasserstraßen gleich der Länge des Fahrzeuges ist. Nur in den größeren Hafenbecken ist es möglich, die Schiffe „stevenrecht“, d. h. senkrecht zum Ufer anlegen zu lassen. Hierdurch wird die benutzte Uferstrecke zwar kleiner, das Entladen dagegen erfordert erheblich mehr Zeit und Mühe. Ein vorübergehendes Stapeln am Ufer ist kaum möglich, da bei den dicht aneinanderliegenden Kähnen kaum Platz für die Abfuhr vorhanden ist. (Abb. 3.)

Es ist daher verständlich, daß schon seit Jahren die Überzeugung durchgedrungen ist, daß die schmalen Wasserstraßen Berlins in ihrer vorliegenden Form bei der herrschenden Betriebsweise nicht in der Lage sind, den Verkehr dauernd zu bewältigen.

Zu Zeiten günstiger Konjunktur müssen die Schiffe vor der Stadt tagelang warten, bis ein geeigneter Anlegeplatz für sie frei wird. Der ausgestellte Liegeschein ist nur 5 Tage gültig, es wird also ein zweiter Liegeschein erforderlich. Außerdem ist der Schiffer berechtigt, für jeden weiteren Tag 25 Mk. Liegegeld zu fordern. Die jährliche Summe dieser gefürchteten Liegegelder ist sehr beträchtlich. Im Berichte der Handelskammer vom Jahre 1905 werden sie bereits auf 500 000 Mk. geschätzt.

Zu der geringen Fahrgeschwindigkeit der von Hand fortbewegten Fahrzeuge kommen die Wartezeiten an den Schleusen, da bei der schwerfälligen Betriebsweise eines solchen Kahnes ein Ansammeln an den Schleusen nicht vermieden werden kann. Bei ungünstiger Witterung sammeln sich die Fahrzeuge an geschützten Stellen und setzen dann truppweise ihre Fahrt fort, wobei sie natürlich gleichzeitig in größerer Zahl vor den Schleusen ankommen.

Abbildung 3. Ziegelkähne am Humboldhafen.

Was die natürliche Entwickelung an Schwerfälligkeit und Zeitverlust nicht zustande gebracht hat, vervollständigt ein entsprechendes Meldewesen.

Daß diese ganze veraltete Betriebsweise sich auch recht kostspielig gestaltet, ist einsichtigen Unternehmern durchaus nicht unklar, und persönlicher Wagemut hat hier Vorbilder geschaffen, die praktisch erprobt sind und die mit ihren Vorzügen und Nachteilen Richtlinien feststecken für die künftige Entwickelung, die unter Berücksichtigung der berechtigten Interessen von Schiffern, Händlern und Abnehmern einen lebhafteren Austausch herbeiführen muß.

Vorbildlich trat hier die Firma Robert Guthmann auf, indem sie für die Beförderung von Kalksandsteinen aus ihrem Produktionsgebiet in Niederlehme an der Dahme eiserne Kähne beschaffte, die von Schleppdampfern gezogen wurden. Auf ihrem Grundstück in Charlottenburg am Salzufer, das 6 m über dem Kanal liegt, sorgte sie für eine schnelle Entladung der Schiffe durch eine Krananlage. Zu diesem Zweck wurden eiserne Kasten gebaut für 1000 Normalsteine, die unmittelbar auf das federnde Untergestell eines Fuhrwerkes aufgesetzt werden konnten. Die Kasten werden unten im Fahrzeug vollgepackt und durch den Kran auf den oben stehenden Wagen gehoben oder auch vorläufig im Hof abgesetzt. Außerdem ist ein Lager vorhanden, das einen Teil der Jahresleistung aufnehmen muß. Im Lager werden die Steine ausgepackt.

Neben der wirtschaftlicheren Arbeitsweise des Kranes entfallen die Kosten für das Auspacken der Steine und das nochmalige Beladen des Wagens. Die Höhe des Ufers spielt für den Kran keine Rolle, würde aber ein Entladen auf alte Weise unmöglich machen.

Der Kran liegt mit seiner Breitseite am Ufer. Da mit Rücksicht auf die Festigkeit und die Stabilität des Fahrzeuges bald hier bald dort entladen werden muß, ein Verholen des Schiffes aber zeitraubend und umständlich, die Möglichkeit zum Verholen auch nicht einmal gegeben wäre, sind 6 Laufkatzen auf feststehenden Laufbahnen angeordnet, sodaß der ganze Kahn gleichzeitig mit Kasten besetzt werden kann. An den Stellen, wo die Laufkatzen in den Kahn niedergelassen werden, sind erhöhte Podeste, die von der Beladung frei bleiben, um das Vollpacken der Kasten in möglichst bequemer Weise bewirken zu können. Die Schnelligkeit der Entladung ist lediglich abhängig von der Leistung der Arbeiterkolonnen, die 4—6 Mann stark die Plattformen beladen. 16—20 Mann, die im Akkord arbeiten, sind gleichzeitig tätig. (Abb. 2.)

Die Verwendung eiserner Schiffsgefäße, die schon im einfachen Verkehr mit Rücksicht auf die längere Lebensdauer wirtschaftlich sein dürfte, ist bei dieser Entladeweise vorzu-

Abbildung 4. Alter Dampfdrehkran am Hafenplatz.

ziehen, da schwache, hölzerne Fahrzeuge den Anforderungen des Kranbetriebes nicht gewachsen sind. Bei dem plötzlichen Anheben einer Last von 5 t bekommt das Fahrzeug einen deutlich wahrnehmbaren Ruck, der besonders bei ungleichmäßiger Entladung ein Bersten oder wenigstens ein Lockern der Verbände zur Folge haben kann. Außerdem hatte man sich mit Rücksicht auf die Entladeweise zum erstenmale die Aufgabe gestellt, ein Fahrzeug zu schaffen, das keine Quer-versteifungen enthielt, sondern einen einzigen großen Stapel- und Arbeitsplatz bildete.

Die Anlage am Salzufer, deren Betriebsergebnisse auf Seite 35 mitgeteilt sind, wurde in den Jahren 1901/02 errichtet. Im Jahre 1905 kam eine weitere Anlage mit fahrbarem Bock-kran am Schleusenufer und im Jahre 1907 eine gleiche Anlage in Niederschöneweide hinzu. Außerdem wird am Hafenplatz ein alter Dampfdrehkran benutzt, der von den Berliner Mörtel-werken gepachtet wurde. (Abb. 4 u. Tafel II.)

Während es sich bei Robert Guthmann um einen einzelnen Unternehmer handelt, der seine eigene Produktion ver-frachtet und auf den Markt bringt, wobei er die Steine auf eigenen Grundstücken mit seinen Krananlagen entladet und mit eigenen Gespannen nach den Bauten fährt, tritt die im Jahre 1906 gegründete Ziegeltransport-A.-G. lediglich als Fracht-führerin auf und benutzt zahlreiche Krananlagen, die auf öffent-lichen Ladestraßen errichtet sind. Sie beansprucht daher ein erheblich größeres Interesse. Sie ist aus einer Studiengesell-schaft hervorgegangen, die auf Veranlassung der Akkumulatoren-fabrik A.-G. (Hagen) die Wirtschaftlichkeit des Ziegeltransportes mit Akkumulatorenkähnen erproben sollte. Die Versuche wurden mit 4 Finowkähnen und einer Krananlage am Urbanhafen aus-geführt. (Abb. 7.) Die Akkumulatorenfabrik, die zurzeit noch den ganzen Aktienbesitz in Höhe von $2^1/_2$ Millionen in Händen hat, wollte die Ziegeleibesitzer des Zehdenicker Gebietes zu einer Transportvereinigung zusammenschließen unter Verwendung der von ihr und anderen Interessenten erbauten Motorkähne.

Da die Zehdenicker Ziegeleibesitzer sich hierzu nicht ent-schließen konnten, so gründete die Akkumulatorenfabrik selbst das Transportunternehmen in Gestalt der Ziegeltransport-A.-G., die sich namentlich den Zehdenickern als Frachtführerin anbot. Ein kleines Kraftwerk in Zehdenick, das eine vorhandene Wasserkraft ausnutzt, liefert den Strom für die Akkumulatoren der beladenen Schiffe. Für die Rückfahrt nehmen die Schiffe ihren Strom aus den Anschlüssen der Krananlagen in Berlin.

Der Motorantrieb gestattet dem Handbetrieb gegenüber größere Geschwindigkeit der Fahrzeuge unabhängig von un-günstiger Witterung. Das Durchschleusen erfordert geringere Zeit, nach amtlicher Feststellung an der Zehdenicker Schleuse

13 Minuten gegenüber 33 Minuten bei einer gewöhnlichen Zille. Der elektrische Antrieb hat den Vorzug, an den Schiffer keine besonderen Anforderungen bezüglich Handhabung und Wartung zu stellen, so daß ein einfacher Schifter mit seinem Bootsmann für die Bedienung ausreicht. Seine Tätigkeit beschränkt sich ausschließlich auf das Steuern des Bootes, dem er seine volle Aufmerksamkeit widmen kann. Der Motor kann vorübergehend auf die doppelte Leistung beansprucht werden. Energie wird während der Betriebspausen nicht verbraucht. Nachteile des Akkumulators sind der Raumbedarf, das Gewicht, die Ladezeiten und die Abhängigkeit von den Ladestationen bzw. der beschränkte Aktionsradius. Bei dem vorliegenden Verwendungsfall bleiben Raumbedarf und Gewicht im Verhältnis zur ganzen Ladung in mäßigen Grenzen, die Ladezeit der Akkumulatoren fällt mit der Beladezeit des Fahrzeuges zusammen. Die Leistung des Fahrzeuges ist erheblich größer als die eines gewöhnlichen Finowkahnes, als Bedienung sind ebenso wie dort nur zwei Mann erforderlich.

Da die Fahrzeuge auf Grund des § 27 der Schiffahrtspolizeiverordnung vom 17. Januar 1896 in der Fassung des Nachtrags vom 28. März 1898 als Motorfahrzeuge das unbedingte Vorschleuserecht besaßen, ergab sich eine ausreichende Verzinsung trotz des hohen Anschaffungspreises von 28 500 Mk., von denen 10 000 Mk. auf den elektrischen Teil entfallen. Der Fortfall der Wartezeiten an den Schleusen ist von größter Bedeutung, da durch die doppelte Geschwindigkeit auf freier Strecke und die schnellere Bewegung in der Schleuse allein die Fahrzeit der Motorkähne sich im Verhältnis zur Gesamtzeit natürlich nicht wesentlich herabsetzen läßt, wenn die Liegezeiten vor den Schleusen einen großen Teil der seither gebrauchten Zeit ausmachen.

Es ergab sich von selbst, daß die Motorfahrzeuge, von denen genaue Einhaltung der Fahrzeit verlangt werden mußte, nicht in der seitherigen Weise entladen werden konnten. Da öffentliche Krananlagen, die benutzt werden konnten, nicht vorhanden waren, mußte die Gesellschaft dazu übergehen, Konzessionen für eigene leistungsfähige Krananlagen nachzusuchen. Da der Weg zur Verbrauchsstelle bei so geringwertigen Gütern möglichst kurz sein muß, wurde die Erlaubnis zur Errichtung solcher Anlagen für die verschiedensten Teile Berlins nachgesucht.

Eine derartige Erlaubnis wird erteilt vom Kgl. Domänenrentamt, da der Fiskus Eigentümer der Wasserstraßen und Uferböschungen in Berlin ist, und von den Städten Berlin bzw. Charlottenburg als Eigentümerinnen der anliegenden Uferstraßen. Sie wird in der Regel jedem Unternehmer gewährt, der das Bedürfnis nachweist, und an die Bedingung geknüpft, daß gewisse Abgaben für Benutzung des Ufers und Instandhaltung der Straßen entrichtet werden.

In kurzer Zeit entstanden folgende Anlagen (s. die Karte von Berlin auf Tafel II).

1. Urbanhafen S, fahrbarer Bockkran der Benrather Maschinenfabrik.
2. Bundesratufer NW, fahrbarer Bockkran von Bleichert.
3. Rixdorfer Stichkanal SO, fahrbarer Bockkran von Bleichert.
4. Fruchtstraße (Oberspree) O, fahrbarer Bockkran von Bleichert.
5. Nordufer, fahrbarer Bockkran von Pohlig.

6/7. Charlottenburg (städt. Kräne) 2 fahrbare Bockkräne von Becker.

8. Humboldthafen, fester Doppelkran für stevenrechte Entladung von Bleichert.
9. Potsdamer Hafen, fester Doppelkran für stevenrechte Entladung von Bleichert.
10. Nordhafen, fahrbarer Bockkran von Bleichert.
11. Osthafen, vierfacher fester Kran für stevenrechte Entladung (Projekt der Stadt Berlin).

Die Entladung erfolgt mit den bei Robert Guthmann gebräuchlichen Kasten, die für die sofortige Abfuhr berechnet sind.

Die Entladung könnte in 3 Stunden beendet sein und erfolgt mit Rücksicht auf die Akkumulatoren in 5—6 Stunden, so daß schon nach dieser Zeit das Boot die Rückreise antreten kann.

Was aber wird aus 60 000 Ziegeln, die innerhalb von 6 Stunden ausgeladen werden? Wohl sind die Bauten in der Lage, während der alten Entladezeit eine Kahnladung zu verarbeiten, während der verkürzten Zeit ist aber ein einzelner Bau schon aus Platzmangel meistens nicht imstande, die Steine aufzunehmen. Die alten billigen Fahrzeuge sind für den Unternehmer, der eine ganze Ladung auf demselben Bau verarbeiten

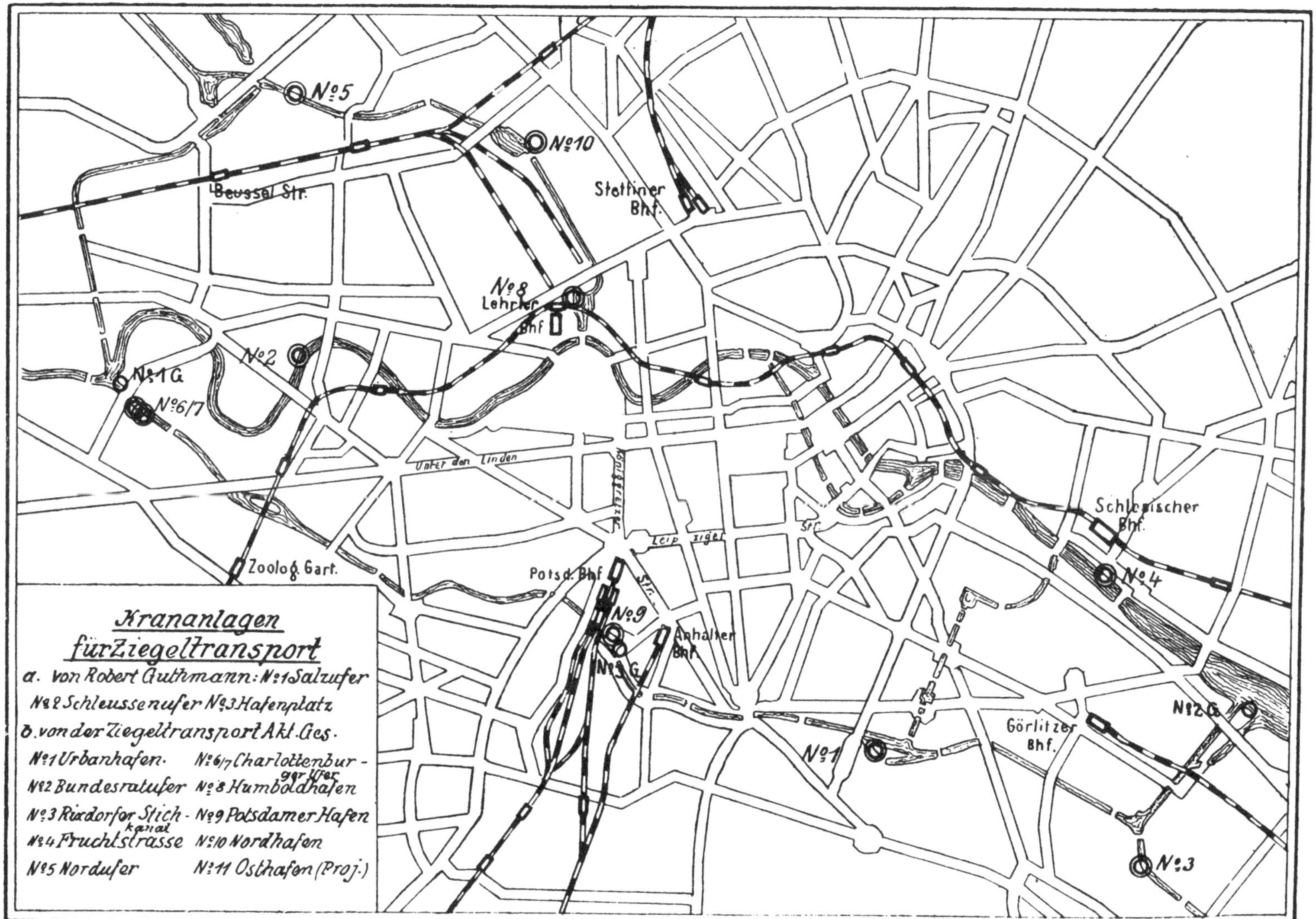

Tafel II. Krananlagen innerhalb Berlins.

will, erwünschte Stätteplätze, die bei der jetzigen Entwickelung, die auf wertvollere eiserne Fahrzeuge drängt und wegen Überfüllung der Anlegestellen die Liegezeiten abkürzen muß, nicht lange mehr in Frage kommen. Die vorhandenen Krananlagen sind nicht mit einem Stätteplatz verbunden, und unter dem Kran dürfen Ziegel nicht abgesetzt werden, selbst wenn es möglich wäre, einen Berg von 60 000 Stück dort zu stapeln.

Die Steine müssen daher in sechs Stunden abgefahren und auf mehrere Bauten verteilt werden. Die Gleichartigkeit des Materials wird in bezug auf Herkunft, Festigkeit, Gewicht, Format und Farbe nicht mehr so groß sein, als wenn die Verbraucher ganze Ladungen von einer bestimmten Ziegelei erhalten. Daß diese Schwierigkeiten nicht grundlegender Natur sind, geht daraus hervor, daß zur Zeit der ersten Ziegelkonvention lange Jahre als gemeinsame Verkaufsstelle das „Zentralverkaufskontor“ bestand, bei dem der Käufer über die Herkunft der Steine auch nicht unterrichtet war. Ein gleichzeitiges Vermauern von Kalksandsteinen und gebrannten Ziegeln auf demselben Bau kann man in Berlin vielfach beobachten. Die Bauten, die nach Schluß der Schiffahrt ihre Steine von einem Stätteplatz beziehen, erhalten durchaus kein gleichmäßiges Material, da die einzelnen Kahnladungen derartig „verbaut“ sind, daß nur von einer Seite her die Stapel abgefahren werden können. Auf Grund von Reichsgerichtsentscheidungen ist der Empfänger lediglich berechtigt, Steine gleicher Menge und Beschaffenheit zu verlangen. Ein Teil der Zehdenicker Ziegeleibesitzer hat sich ferner bereit erklärt, das Einheitsformat einzuhalten, so daß ein Vermauern im Verband unbedingt gewährleistet ist. Jedenfalls werden die Abweichungen nicht viel größer sein, als sie zurzeit bei Steinen derselben Ziegelei sind und wie sie sich aus der verschiedenen Lage im Ringofen oder durch wechselndes Verhalten des Kalksandsteinmaterials ergeben.

Die Festigkeit der Steine wird ja jetzt nur in geringem Maße ausgenutzt. Außerdem sind schon jetzt allgemein im Handel gewisse Bezeichnungen üblich, die sich auf die Erzeugnisse einer ganzen Gegend oder einer bestimmten Beschaffenheit beziehen.

Die Forderung einer bestimmten Farbe spielt bei den Hintermauerungssteinen, die in Berlin die überwiegende Masse des gebrauchten Materials bilden, keine große Rolle, läßt sich aber, ebenso wie andere Forderungen, um so leichter berücksichtigen, je größer die Verteilungsstelle ist, die die Abfuhr nach den Bauten leitet.

Außerdem können Steine, die den gestellten Bedingungen nicht genügen, vom Verkehr ausgeschlossen werden, eine Maßnahme, die die Ziegeleien veranlassen dürfte, nur brauchbares Material zu liefern.

Um eine solche Verteilungsstelle ins Leben zu rufen, trat die Z.-T.-A.-G. zunächst an die Berliner Steinhändler mit dem Anerbieten heran, lediglich den Schiffstransport, die Ausladung der Steine mit der Krananlage und die Abfuhr zum Bau für Rechnung der Händler zu übernehmen. Die Ablieferung sollte also nicht mehr „frei Ufer“, sondern „frei Bau“ erfolgen.

Sie wies auf die Vorteile hin, die sich aus dem pünktlichen Eintreffen der Kähne und der rechtzeitigen Anlieferung am Bau ergab. Da die Steine gleich in den Wagenkasten kommen, während sie zurzeit dreimal umgepackt werden, werden sie mehr geschont und der Verlust durch Bruch ist geringer. Liegegelder und Schifferabfertigung mit den unvermeidlichen Streitigkeiten sollten fortfallen und außerdem billige Frachtsätze für längere Zeit bindend festgelegt werden.

Trotz alledem fand das neue Unternehmen kein Entgegenkommen, besonders deshalb, weil der Steinhändler bei der häufig recht zweifelhaften Kundschaft des Berliner Baumarktes sich wehrte, zu dem bestehenden Risiko auch noch die Bezahlung von Fracht und Abfuhr zu übernehmen. Daneben waren wohl auch ebenso wie bei den Ziegeleibesitzern Bedenken vorhanden, der kapitalkräftigen Gesellschaft zu einer Machtstellung zu verhelfen, die sie vielleicht später gegen die Händler ausnutzte.

Da Abschlüsse „frei Bau“ von den Händlern nicht gemacht wurden, die Ziegeleibesitzer, soweit sie an Händler liefern, also nur „frei Ufer“ liefern konnten, mußte die Ziegeltransportgesellschaft selbst auf den Markt gehen, indem sie ein Tochterunternehmen, die Steinhandel-G. m. b. H. gründete, mit einem Kapital von 500 000 Mark. Ursprünglich sollte sie, ähnlich wie das Zentralverkaufskontor zur Zeit der Ziegelkonvention nur an Händler liefern. Da die unter Mithilfe der Handelskammer angebahnte Verständigung nicht zustande kam, trat sie bald in unmittelbare Berührung mit den Verbrauchern.

Von den Ladungen, die durch die Ziegeltransportgesellschaft im Jahre 1908 befördert wurden, stammten über zwei Drittel aus Aufträgen der Steinhandelgesellschaft. Ihr verhältnismäßig geringes Kapital reichte aber natürlich nicht aus, um in solchem Umfange Geschäfte zu machen, daß die ganze Flotte beschäftigt werden konnte.

Da die neue Gründung nur erfolgte, um der Ziegeltransportgesellschaft Frachten zu verschaffen, so wurde die Gesellschaft im Herbst 1909 wieder aufgelöst, als von anderer Seite Bestellungen vorlagen. Die Auflösung erfolgte auch besonders aus dem Grunde, um die Mißstimmung der Händler zu beseitigen.

Infolge ungenügender Verfrachtungen im Jahre 1908 sah sich die Ziegeltransportgesellschaft gezwungen, für ihre Fahrzeuge anderweitige Beschäftigung zu suchen, trotzdem der Schwerpunkt der Gesellschaft wegen des eigenen Wasserkraftwerkes und wegen der Menge und Gleichartigkeit der von Zehdenick gelieferten Steine immer dort liegen wird.

Sie nahm daher im Herbst 1908 an der Gründung des Kalksandsteinsyndikates tätigen Anteil und schloß mit ihm einen Vertrag auf die Dauer von 3 Jahren ab. Sie verfrachtet während dieser Zeit die gesamte Produktion des Syndikates zu Sätzen, die den damals geltenden niederen Frachten entsprechen und die sich vertragsmäßig etwas erhöhen, wenn auf dem Markte höhere Preise erzielt werden.

Dem Syndikat gehören fast sämtliche Werke außer Guthmann an. Die Anlagen liegen fast durchweg im Gebiet der Oberspree. Die Akkumulatoren brauchen im allgemeinen nur an den Berliner Krananlagen geladen zu werden, da dies bei der überwiegenden Mehrzahl der Werke für Hin- und Rückfahrt ausreicht. Ein großer Teil der Flotte dürfte für die Dauer des Vertrages lohnend beschäftigt sein.

Anfang 1909 schloß die Ziegeltransportgesellschaft einen Vertrag mit der „Freibahnbetriebsgesellschaft“, die für 5 Jahre mit besonderen Wagen (Abb. 5) die Abfuhr der Steine nach den Bauten übernehmen wollte.

Die in ihrer Bauart sehr interessanten Wagen sind so gedacht, daß zunächst durch größere Räder der Fahrwiderstand vermindert werden soll. Fahrbare Wagenkasten zu 750 Steinen können an der Baustelle vom Wagen herunter auf Feldbahngeleise gerollt und auf dem Bau verteilt werden.

Von den Oberkasten der verwendeten Wagen werden zwei gleichzeitig an den Kran gehängt, so daß wie seither 1500 Steine mit einem Kranhub gehoben werden, sofern Lokomotivbetrieb

Abbildung 5. Wagen der Freibahngesellschaft unter der Krananlage in Charlottenburg.

in Frage kommt, während bei Pferdebetrieb nur 1500 Steine geladen werden (s. S. 33). Die Hoffnungen, die an die neue Art der Abfuhr geknüpft wurden, gingen nicht in Erfüllung, so daß der Vertrag nach wenigen Monaten gelöst werden mußte und die Abfuhr jetzt wieder mit Pferden und Wagen Guthmann'scher Bauart erfolgt.

Nach der seitherigen Entwickelung der Ziegeltransport-Aktiengesellschaft ist an ein Verschwinden des kapitalkräftigen Unternehmens nicht mehr zu denken, da die Schwierigkeiten, die sich ihm gerade im Anfang des Bestehens entgegenstellten, immer geringer werden müssen.

Zu dem Abkommen mit dem Kalksandsteinsyndikat kann jederzeit ein ähnlicher Vertrag mit einer Vereinigung der übrigen Ziegeleien oder einzelner Händlergruppen treten. Die Krananlagen sind schließlich auch für Kiesentladungen verwendbar, so daß auch solche Frachten unter Verwendung von Motorfahrzeugen oder einfachen Kähnen jederzeit hinzukommen können.

Vor allem aber wird der Widerstand der Händler gegen die „Frei Bau"-Lieferung durch den Wettbewerb der Kalksandsteine auf die Dauer nicht durchzuführen sein. In dem Augenblick aber wird der Gesellschaft der ganze Markt offen stehen, und in freiem Wettbewerb wird sich erweisen müssen, ob sie das gefürchtete „Monopol" erreichen wird.

Da immer wieder behauptet wird, daß dies Monopol unvermeidlich ist, wird an anderer Stelle (s. Seite 58) noch zu untersuchen sein, ob dies zu befürchten ist und ob es sich aus der natürlichen Entwicklung oder lediglich als Folge von Konzessionen ergeben kann.

In diesem Falle entsteht die Frage, ist es nötig, die Allgemeinheit gegen Ausnutzung zu schützen und wie ist dies in Verbindung mit den Konzessionen rechtzeitig möglich.

Diesen beiden Großunternehmen, Robert Guthmann und der Ziegeltransportgesellschaft, gegenüber steht für die Beförderung auf dem Wasser die Gesamtheit der selbständigen Schiffer.

Es ist eine Eigenart der märkischen Schiffahrt, daß in der Hauptsache Kleinschiffer vorhanden sind. Es ist schon erwähnt worden, in welcher Weise sich das Leben der Schiffer abspielt, daß Betriebsmittel und Arbeitsweisen unbeeinflußt geblieben sind von den Fortschritten einer neuen Zeit.

Über das eigenartige Familienleben drang zuweilen etwas in die Öffentlichkeit anläßlich der Erhebungen über die Arbeitszeiten und anläßlich der Schwierigkeiten, die der Schulunterricht der Schifferkinder bereitete. Die „Beschulung der Schifferkinder" behandelt eine Veröffentlichung des Verwaltungsdezernenten in der Schulabteilung der Kgl. Regierung zu Potsdam, Dr. Großmann im „Volksschularchiv" 1908, S. 98 ff.

Auch die körperliche Entwicklung ist großen Gefahren ausgesetzt, da Kinder und Frauen zum Entladen der Fahrzeuge und zum Treideln (Finowgebiet) herangezogen werden.

Der gemeinsame Wohnraum im Fahrzeug ist natürlich ebenfalls von Neuerungen verschont geblieben und entspricht nicht entfernt den Ansprüchen, die heutzutage als selbstverständlich gelten. Nur das gesunde Leben auf dem Wasser läßt einen solchen Wohnraum zu.

Die Schiffer stammen meist aus den Dörfern und kleinen Städten der Mark und haben zum Teil einen festen Wohnsitz in ihrer Heimat, wohin sie im Winter zurückkehren. Die andern „verwintern" irgendwo. Durch Eishacken oder eine andere Beschäftigung entsteht vielfach für den Winter ein Nebenverdienst.

Der Kahn ist Eigentum, wenn auch vielfach beliehen, von kleinen Leuten, die hier ihre Ersparnisse anlegen, von Versicherungsgesellschaften oder auch von Ziegeleibesitzern. Gerade diese sichern sich gern einen Einfluß, um auch zu Zeiten flotter Geschäftstätigkeit zu angemessenen Preisen Kahnraum zu finden.

Während früher die Fracht von Fall zu Fall unmittelbar vereinbart wurde, werden die Sätze jetzt vor Beginn der Schiffahrt in jedem Bezirk festgesetzt. Dieses gemeinsame Vorgehen ist eine Folge der Organisation, die als einzige Neuerung im Dasein der Leute aufgetreten ist. Zum großen Teil sind sie in der Transportgenossenschaft E. G. m. b. H. organisiert, die sich über 23 Unterbezirke erstreckt. In jedem Bezirk werden Lademarken ausgegeben, die die Reihenfolge der Abfertigung regeln. Von der Einnahme, die den Mitgliedern nach Abzug von Schlepp- und Schleusengebühren bleibt, wird 1% bzw. für 1000 Steine 4 Pfennig an die Genossenschaft abgeführt. Sache der Leitung ist es, den Kahnraum auf die verschiedenen Plätze richtig zu verteilen und die Interessen der Mitglieder zu vertreten.

Zu dem allgemeinen Frachtsatz für 1000 Steine kommen Entfernungszuschläge, die sich nach der Lage der Ziegelei richten und nach dem Bestimmungsorte „Berlin unterhalb“ oder „oberhalb“, Rixdorfer Stichkanal usw.

Für den Sommer (vom 1. Juli) wird ein höherer Satz und für den Herbst (vom 1. November) der höchste festgesetzt.

Die Ziegeleibesitzer müssen sich verpflichten, ihre ganze Produktion zu diesen Sätzen lediglich den Genossenschaftsmitgliedern zu übertragen.

Die Verhandlungen sind meist von Mund zu Mund, und eine Handhabe den Mitgliedern gegenüber kaum gegeben.

Die Transportgenossenschaft wurde im Jahre 1898 gegründet und hat jetzt etwa 3800 Mitglieder, die bis auf wenige Ausnahmen selbständige Schiffer sind.

Außer dieser Vereinigung besteht noch die Transportgenossenschaft zu Damm-Hast in Zehdenick.

Die „Steintransport-G. m. b. H.“ Brandenburg ist dagegen eine Gründung von seiten einiger Ziegeleibesitzer. Im Jahre 1908 hatte sie 37 Fahrzeuge in Betrieb.

Das Auftreten der Ziegeltransport-Aktiengesellschaft blieb naturgemäß nicht ohne Eindruck auf diese selbständigen Schiffer. Bedeuteten schon die 120 Fahrzeuge, die bis Ende des Jahres 1908 geliefert wurden, eine starke Vermehrung des verfügbaren Kahnraumes, der bei der gesteigerten Leistungsfähigkeit noch mehr ins Gewicht fiel, so gab die schnelle und bequeme Entladeweise dem einsichtigen Schiffer doch Anlaß zu Bedenken, daß er gegen die neue Gesellschaft mit ihrem großen Kapital nicht mehr aufkommen könne.

Wenn er nun noch bei den langen Wartezeiten vor den Schleusen mit ansehen mußte, daß das neue Fahrzeug auf Grund seines Vorschleuserechtes sofort unter Außerachtlassung aller andern abgefertigt wurde, so ist es verständlich, daß er in ihm seinen größten Feind sah und gerade dieses Vorschleuserecht auf das heftigste bekämpfte.

Der Regierungspräsident zu Potsdam, als Chef der märkischen Wasserstraßen, sah sich denn auch auf Drängen der Kleinschiffer veranlaßt, der Gesellschaft das Vorschleuserecht, das demselben Fahrzeug beispielweise bei Dampfbetrieb nicht bestritten wurde, „entgegen seiner früheren Auffassung“ kurzerhand zu entziehen. Da eine Begründung der Maßnahme nicht erfolgte, kann nicht beurteilt werden, ob die Gründe der Gegner als berechtigt anerkannt wurden, daß nämlich die Schiffe nicht Motorboote im Sinne des Gesetzes seien, an ihr Auftreten bei Abfassung des Gesetzes nicht gedacht worden wäre, und daß sie ja „während der Betriebspausen keine Energie brauchten".

Die Verleihung des Vorschleuserechtes an die Motorfahrzeuge beruht auf den Erwägungen, daß der höhere Anschaffungspreis eine bessere Ausnutzung nötig macht, daß die Fahrzeuge die Wasserstraßen weniger belasten, eine gewisse Prämie also verdienen und daß die 1½fache Gebühr, die erhoben wird (Ziffer VIII des Tarifs vom 28. März 1898), eine Gewähr gegen allzu häufige Benutzung des Rechtes bietet.

Daß die Betriebskosten sich nicht lediglich aus der verbrauchten Energie zusammensetzen, braucht nicht erörtert zu werden.

Ein volles Jahr lang mußte die Gesellschaft ohne jedes Vorschleuserecht arbeiten. Alle Berechnungen waren damit natürlich hinfällig, und die Existenz des Unternehmens wäre gefährdet worden, wenn diese Verordnung in Kraft geblieben wäre.

Nachdem die drei in Betracht kommenden Ministerien sich von dem wirtschaftlichen Fortschritt des neuen Verfrachtungssystems durch eingehende Prüfung überzeugt hatten, erhielt die Gesellschaft dann das bedingte Vorschleuserecht, mit dem sie sich mit Rücksicht auf soziale Gegenströmungen begnügen wollte und das darin besteht, daß bei Inanspruchnahme des Vorschleuserechtes immer zwei gewöhnliche und ein bevorrechtetes Fahrzeug abwechseln.

Da die Ziegeltransportgesellschaft, wie früher erwähnt, mancherlei Vorteile bietet, von denen hier die auf längere Zeit festgelegten geringen Frachten, das rechtzeitige Eintreffen und der Fortfall der Liegegelder in Frage kommen, und da sie außerdem wesentlich billiger verfrachten kann, so ist mit Sicherheit anzunehmen, daß die selbständige Schiffahrt für den Ziegeltransport in ihrer jetzigen Form eine erhebliche Einschränkung erfahren wird, namentlich auf den reinen Kanalstrecken. Ob die Ziegeltransportgesellschaft auf Grund ihrer jetzigen Fahrzeuge in der Lage ist, sich ein Monopol zum Nachteil der Gesamtheit zu verschaffen, und ob die Kleinschiffahrt mit einer andern Betriebsweise den Wettbewerb aufnehmen kann, soll später besonders erörtert werden (s. S. 58 u. S. 50), da die ganze Entwicklung zurzeit gehemmt wird durch das Mißtrauen, das dem neuen Unternehmen entgegengebracht wird, und da die Zweckmäßigkeit der Verwendung von mechanischen Entladevorrichtungen wesentlich abhängt von der Art der Fahrzeuge.

Würde die Ziegeltransportgesellschaft in der Lage sein, einen größeren Teil des Transportgeschäftes an sich zu bringen, so würden an Stelle der jetzigen selbständigen Schiffer die Angestellten der Gesellschaft treten.

Da diese einen wesentlich besseren Wohnraum mit allem Zubehör (Wohnungs- und Kücheneinrichtung, elektrisches Licht) erhalten, da die sehr mühsame Arbeit des Treidelns und Karrens fortfällt, so würde der Übergang der jetzigen Schiffer in die Dienste der Gesellschaft vom sozialen Standpunkt aus ein Fortschritt sein, um so mehr, als das feste Einkommen den schwankenden Erwerb der selbständigen Schiffer übersteigt.

Eine genügende Anzahl von Schiffern ist immer vorhanden, die bereit ist, in den Dienst der Gesellschaft zu treten. Wenn dem gegenüber die Mehrheit der Schiffer erklärt, ihre Selbstständigkeit nicht aufgeben zu wollen, so ist dies erklärlich, da die Ungebundenheit des Lebens wohl nirgends so weit geht als auf dem Wasser. Die Furcht jedes selbständigen Unternehmers, als Angestellter unsichere Lebensbedingungen zu haben, dürfte nicht in Frage kommen, da der Schiffer jetzt nie weiß, was der nächste Tag bringt, ob er neue Ladung bekommt, ob er wegen „Versommerung“ der Wasserstraßen weniger laden kann oder gar zur Untätigkeit gezwungen wird, und wie lange es dauert, bis der eintretende Winter der Schiffahrt ein Ende macht.

Sein Einkommen berechnet der Schiffer derart, daß der nach Abzug von Schleusen- und Schleppgebühren bleibende Verdienst in drei Teile geteilt wird, von denen er und der Bootsmann je einen erhält. Der dritte Teil entfällt auf das Boot, für dessen Lebensdauer man 4 - 5 Jahre annehmen kann, bei einem Anschaffungspreis von etwa 2000 Mk. für die böhmische Zille, bzw. 7500 Mk. und 15 Jahre für das bessere märkische Fahrzeug.

Hierbei ergibt sich für den Schiffer nach den Aufstellungen der Transportgenossenschaft für das Jahr 1908 ein Einkommen von etwa 760 Mk.

Nimmt man als Jahresverdienst 800 Mk. an, so steht dem ein verbürgtes monatliches Einkommen der angestellten Steuerleute von 115 Mk. und der Bootsleute von 95 Mk. gegenüber, das der freie Schiffer niemals erreichen kann.

Das Dienstverhältnis dauert von Eröffnung bis Schluß der Schiffahrt. Ein in modernem Geiste abgefaßter Arbeitsvertrag regelt das Verhältnis der Gesellschaft zu ihren Angestellten.

Könnte der Übergang zu Motorfahrzeugen plötzlich erfolgen, so würde wegen der größeren Leistungsfähigkeit der neuen Kähne allerdings ein großer Teil der Schiffer überflüssig werden. Da die Leute fast sämtlich aus der Landwirtschaft hervorgegangen sind, würden sie dort wieder Beschäftigung finden können. An den Ladestellen werden bei der neuen Entladeweise Arbeiterkolonnen zum Packen der Kasten gebraucht, so daß die Gesellschaft anderseits auch neue Arbeitsgelegenheit schafft. Der Wechsel der Betriebsweise dürfte aber so allmählich vor sich gehen, daß ein solches Rückwandern nicht nötig ist, zumal die Entlastung der Wasserstraßen und die Eröffnung des Großschiffahrtsweges nach Stettin den Verkehr sehr beleben werden.

Gibt das schnellere Motorfahrzeug dem denkenden Schiffer schon zu Vergleichen Anlaß, so leuchtet ihm der Vorteil der maschinellen Entladeweise sofort ein. Denn daß sein Kahn während der Entladezeit nicht ausgenutzt wird und daß man zum Auskarren von Steinen nicht gerade Schiffer zu sein braucht, sagt er sich auch, nur die Möglichkeit der Benutzung des Kranes und die Höhe des Tarifes sind die Klippen bei dem Gedankengang. Und vielleicht machen sie dem Schiffer noch die geringsten Schwierigkeiten. Denn daß „die Stadt“ das machen muß und die Sache „nicht viel“ kosten darf, ist ihm von vornherein klar. Zahlreich sind denn auch die Anregungen, die an die Verkehrsdeputation der Stadt Berlin und das Tiefbauamt Charlottenburg ergangen sind.

Die Schwierigkeiten, die sich für die Unterbringung der Steine aus der Verwendung von Krananlagen ergeben, sind im Anschluß an die Ziegeltransportgesellschaft geschildert worden. An den Widerstand der Händler, die an der Lieferung „frei Ufer“ festhalten möchten, und an die Schwierigkeiten, die sich aus der Verteilung einer Kahnladung auf mehrere Bauten ergeben, sei hier erinnert. Ohne weiteres war seither niemand imstande, den Kran zu benutzen.

Da diese Schwierigkeit vielfach nicht klar genug erkannt wurde, wie aus den Eingaben und Erörterungen hervorgeht, so entstand die Frage, welche Gebühren können von dem Schiffer dafür erhoben werden, daß eine Entladevorrichtung ihm die mühselige Arbeit des Ausladens abnimmt.

Würde jemand einfach die Abgabe nach dem Entgelt bemessen, das der Schiffer selbst an andere für das Auskarren zahlen müßte, wobei dem Schiffer ja immer noch als Vorteil die bessere Ausnutzung seines Fahrzeuges blieb, und würde er den Schiffer zwingen, den Kran zu benutzen, so würde sich niemand finden, der mit diesem Tarif einverstanden wäre.

Dabei stellt sich heraus, daß die Überbürdung der Berliner Wasserstraßen infolge mangelnder Entlademöglichkeit für den Schiffer selbst am wenigsten unangenehm ist. Es ist erwähnt worden, daß zu Zeiten guter Konjunktur einige Zeit verstreicht, bis der ankommende Schiffer den gewünschten Anlegeplatz frei findet. Von dem Zeitpunkt an gerechnet, wo der Schiffer dem Polizeischiffahrtsbureau die Anweisung des Bestellers vorzeigt, an einer bestimmten Stelle abzuladen, ist er verpflichtet, vier bis fünf Tage bis zur Abgabe seiner Ladung ohne Entgelt zu verweilen. Vom fünften Tage ab muß ihm der Empfänger für jeden Tag 25 Mk. zahlen.

Ist der fünfte Tag erst mal verstrichen, so ist das Bestreben, schnell wieder fortzukommen, nicht mehr sehr groß. An der Verkürzung der Liegezeiten in Berlin hat der Schiffer ein viel geringeres Interesse als der Empfänger. Ja, es wird sogar behauptet, daß zu manchen Zeiten ein „Schleppen“ in dieser Richtung stattfände.

Die Leute sind an schwere Arbeit von früh auf gewöhnt, die Arbeitskraft seiner Frau steht dem Schiffer kostenlos zur Verfügung, und schließlich weiß er nie, wann er wieder einen Auftrag bekommt. Daß ihm die Steine nicht kostenlos ausgeladen werden, sagt er sich selbst, und so „verdient“ er sich lieber die Abgabe, zumal bei schlechter Geschäftslage, wo er am nächsten Tage vielleicht doch ohne Beschäftigung ist.

Der geringe Wert seines Fahrzeuges zwingt ihn auch nicht, kaufmännische und technische Grundsätze zu erlernen.

Bei dem geringen Wert seines Fahrzeuges fällt der Zeitverlust bei langsamer Entladung weniger ins Gewicht.

Wäre eine Benutzung von Entladevorrichtungen durch die Allgemeinheit möglich, so müßte man die Abgabe unter Berücksichtigung all dieser Nebenumstände festsetzen, so daß sie jedem kaufmännisch geleiteten Betriebe zusagen und bei dem Schiffer keinen allzu großen Widerstand finden würde.

Welche mechanischen Entladevorrichtungen kommen nun in Frage, und ist ihre Verwendung, deren Notwendigkeit zur Entlastung der Wasserstraßen anerkannt ist, auch wirtschaftlich unter Berücksichtigung der seither üblichen Betriebsweise?

Lose geschüttete Güter wie Getreide, Sand oder Kohle mit Maschinenbetrieb aus einem Schiffe zu fördern, bietet keinerlei Schwierigkeiten. An stetig arbeitenden Fördermitteln kommen Transportbänder und Becherwerke in Frage. Sollen dagegen größere Mengen als Einzellasten gefördert werden, so können diese seitlich abgefahren oder nach oben durch einen Kran entfernt werden. Die Einzellasten werden aufgenommen von Gefäßen, die von Hand gefüllt werden und deren Entleerung entweder ebenfalls von Hand oder selbsttätig durch Seiten- oder Bodenklappen oder durch Kippen erfolgt. Schließlich können die Lasten auch vollkommen selbsttätig durch Greifer aufgenommen und ausgeleert werden.

Für das Ausladen von Ziegelsteinen sind lediglich verwendbar: Transportbänder und Gefäße (Kasten), die von Hand beladen und entladen werden. Ein Entfernen der Unterlage zur Ersparung des Entladens von Hand ist wegen der Reibung bei seitlichem Wegziehen und wegen der Sprödigkeit des Materials nicht möglich.

Gegenüber der seither üblichen Entladeweise durch Schiebekarren, die von Menschen geschoben werden, erspart das Transportband nur das Auskarren. Das Umladen auf Fuhrwerke, die zur Baustelle fahren, bleibt bestehen.

Die starke Abnutzung des Bandes durch die Ziegelsteine und die hohen Anlagekosten für die Vorrichtung mit Motor und Zubehör, ergeben keinen wirtschaftlichen Vorteil, da an beiden Enden des Bandes Leute gebraucht werden, und da das Aufbauen und Handhaben der Vorrichtung so zeitraubend und umständlich ist, daß der Schiffer sie nicht brauchen kann.

Die Versuche, die von der Stadt Berlin im Jahre 1903 mit einem solchen Förderband (von Leue) angestellt wurden, ergaben für das Herausschaffen von 1000 Steinen 25 Min. gegenüber etwa 50 Min. bei der seitherigen Entladeweise.

Da der Antrieb der Vorrichtung und die Flaschenzüge, mit denen das Band über dem beladenen Fahrzeug frei schwebend gehoben und gesenkt wurde, sich auf einem besonderen Kahn befanden, der längsseits anlegte, so konnte eine Entlastung der Ufer selbst bei einwandfreiem Betriebe nicht stattfinden.

Da Transportbänder im vorliegenden Falle also nicht zweckmäßig sind, so bleibt lediglich übrig die gleichzeitige Einzelförderung einer größeren Anzahl Steine auf gemeinsamer Unterlage. Die Last kann seitlich abgefahren oder mit einer Winde gehoben und am Ufer niedergesetzt werden. Will man hierbei das Auspacken von Hand auf die Fahrzeuge sparen, so muß man die gemeinsame Unterlage auf den Wagen bringen.

Bei jedem Fuhrwerk ist dies möglich ohne Verwendung eines Kranes, indem kleine Wagen aus dem Kahn auf das Fuhrwerk hinaufgefahren werden. Die Freibahngesellschaft hat ein besonderes Fuhrwerk gebaut (Abb. 5), auf das sie kleine Feldbahnwagen hinauffahren kann, um sie an der Baustelle durch eine angelegte Rollbahn auf Feldbahngeleise herabrollen zu können.

Diese Lösung würde andere kostspielige Entladevorrichtungen vollständig überflüssig machen und das Entladen jedes Kahnes an beliebiger Stelle ermöglichen.

An der Baustelle wäre jeder Teil des Platzes durch leicht verlegbare Feldbahngeleise in einfacher Weise zugänglich zu machen, ja, man könnte durch Aufzüge die Steine ohne Umladen bis zur Verbrauchsstelle bringen, eine Lösung, wie sie vollkommener nicht möglich ist.

Leider hat ein Kasten mit 750 Steinen ein Gewicht von 2,5 t, und wenn man auch nur 500 Steine packt, wie es zumeist stattfand, so ergeben sich immer noch Gewichte, die eine so weitgehende Verwendung der kleinen Wagen unmöglich machen.

An die Kräfte der Arbeiter werden solche Anforderungen gestellt, daß schon das Herabrollen vom Wagen an der Baustelle und das Weiterschieben auf ebenen Feldbahngeleisen mindestens 3 Leute erfordert.

Nicht jeder Bau eignet sich außerdem für die Anlage der Geleise.

Als Ersatz für den Kran beim Entladen der Schiffe kommen diese fahrbaren Geleiswagen nicht in Frage, da es sich nicht nur um ein Herabrollen oder ein Fortbewegen auf ebener Strecke handelt, sondern darum, Wagen aus dem tiefliegenden Kahn nach dem hochgelegenen Ufer und auf die Fuhrwerke hinaufzuschieben.

Eine Verkleinerung der Kasten ist nicht ratsam, da der Anteil der Kasten am Gewicht des ganzen Fuhrwerkes in diesem Falle schnell wächst und die Anschaffungskosten gleichfalls größer werden.

Die Last Steine, die man mit einem Fuhrwerk überhaupt befördern kann, ist abhängig von dem Fahrwiderstand und der zur Verfügung stehenden Zugkraft.

Die Freibahngesellschaft glaubte mit ihren Fahrzeugen 3000 Steine durch 2 Pferde befördern zu können. Dieser Betrieb ließ sich aber nicht durchführen, da die Zugkraft der Tiere bei Dauerbetrieb nur für höchstens 2000 Steine ausreichte. Bei einem normalen Fahrzeug können nicht mehr als 1500 Steine von 2 Pferden gezogen werden.

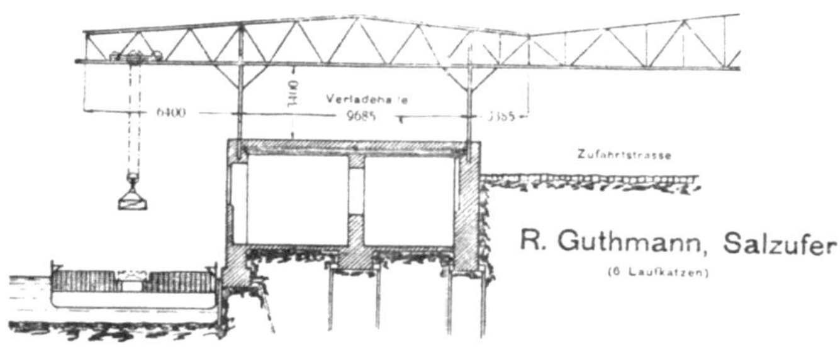

Abbildung 6. Mafsstab 1:400.

Es fragt sich nun, ob man die 1500 Steine zweckmäßiger in einem Kasten unterbringen oder auf mehrere verteilen soll.

Sieht man von dem Versuch der Freibahngesellschaft ab, die Kasten auf der Baustelle vom Wagen herunterzunehmen, so ist ein einziger großer Kasten vorzuziehen, da, wie erwähnt, das mitgeführte tote Gewicht und die Anschaffungskosten eines großen Kastens (175 Mk.) kleiner sind, als dies bei mehreren kleinen der Fall ist. Auch die Arbeitsweise des Kranes wird ungünstiger, wenn man die Last von 5 t unterteilt.

Die Freibahngesellschaft hing bei den vorhandenen Krananlagen zwei Kasten gleichzeitig an den Kran, so daß die geförderte Last doch wieder 5 t betrug.

Erwähnt sei hier noch der Versuch der Stadt Charlottenburg, Kasten zu 500 Steinen zu verwenden, von denen je nach dem Zustande der benutzten Straßen zwei oder drei auf einen Wagen geladen werden sollten.

Schon bei der Guthmannschen Anlage am Salzufer (Abb. 2 u. 6), die bereits auf Seite 14 als bahnbrechend erwähnt ist, entschied man sich für große Kasten. Zur Schonung der Pferde und unter Berücksichtigung des Zustandes der Straßen bei Erbauung der Anlage wurden die Kasten nur für 1000 Normalsteine bemessen. Da sich jedoch ergab, daß die Bespannung mehr als nötig geschont wurde, lud man weitere 100 Steine oben auf.

Die von E. Becker, Reinickendorf, ausgeführte Anlage ist wegen der Verwendung von 6 Laufkatzen, die wenig ausgenutzt werden können, kostspielig, ergab sich aber in dieser Ausführung aus der Art des Grundstückes und der Aufgabe, die Kasten schnell auf die Fuhrwerke oder durchlaufend auf das überdeckte Lager zu bringen.

Die Tragfähigkeit der Laufkatzen beträgt nur 4000 kg, die Hubgeschwindigkeit 8 m/min. Um die Anlage leistungsfähiger zu machen, ist die Erhöhung der Tragfähigkeit auf 5000 kg und der Hubgeschwindigkeit auf 12 bis 18 m/min. in Erwägung gezogen worden.

Die Fundierungsarbeiten waren besonders kostspielig, da die Bauten in das Wasser vorgeschoben wurden, und da die unter dem Kran abgesetzten Kasten die Gewölbe und Fundamente erheblich belasten.

Die Gesamtkosten mit Fundierung betrugen 100 000 Mk. Etwa 50 000 Mk. entfielen auf die Krananlage mit Stützkonstruktion. Die sechs Laufkatzen einschließlich Schleifleitungen und Aufstellung kosteten 36 540 Mk.

Die verhältnismäßig hohen Löhne, die gezahlt werden, und die Verwendung von zwei bis drei Kranführern erhöhen die Förderkosten noch mehr. Dazu kommt noch, daß der Fußboden der Verladehalle 6 m über dem Wasserspiegel liegt. Der hierdurch bedingte höhere Stromverbrauch kommt um so mehr in Frage, weil für die KW-St. 16 Pf. zu zahlen sind. An sich bilden die Stromkosten bei den besprochenen Krananlagen nur einen geringen Teil der Förderkosten.

Für die drei Schalttafeln sind zwei bis drei Wärter erforderlich, von denen jeder täglich 6 Mk. erhält. Die Arbeiter im Kahn (16 bis 20 Mann), die das Packen besorgen, stehen im Akkord und bekommen 0,45 Mk. für das Tausend. Für Aus- und Einpacken im Lager werden 0,48 Mk. bezahlt.

Im Jahre 1908 wurden 48 821 Kasten zu 1100 Steinen = 53,7 Millionen teils unmittelbar auf Wagen, teils (etwa $^1/_4$) auf

Lager gefördert. Die Anlage wurde trotz der schlechten Konjunktur auf Kosten der beiden anderen Berliner Anlagen (Dampfdrehkran am Potsdamer Hafen, fahrbarer Bockkran am Schleusenufer) besonders gut ausgenutzt. Verbraucht wurden laut Rechnung 18 822 KW.-St., so daß die Stromkosten für einen Kasten 6 Pf. und für das Tausend Steine 5,5 Pf. betrugen. Der Stromverbrauch der vorhergehenden Jahre betrug 1907 etwa 10 000 KW.-St., 1906 etwa 14 000 und 1905 etwa 16 000 KW.-St.

An Abgaben sind lediglich Ufergeld und Räumungskostenbeitrag zu entrichten, da der interessante Fall vorliegt, daß das Wasser in Fahrzeugbreite Eigentum der Firma ist, die das Grundstück einschließlich des Wassers vom Salzfiskus (der Verwaltung der ehemaligen königlichen Salzspeicher) erworben hat.

Die Betriebskosten sind, einem Handelsgebrauche entsprechend, bei allen folgenden Berechnungen auf das Tausend Steine bezogen. Von einer Verzinsung und Abschreibung des Grundstückes und der Baulichkeiten ist abgesehen worden, da derartige Grundstücke außergewöhnliche Wertsteigerungen erfahren, und da diese Kosten für die Beurteilung der Krananlagen nicht in Betracht kommen.

Die Kosten für das Packen der Steine im Kahn sind fortgelassen worden, da gegenüber der alten Entladeweise, bei der die Steine vom Schiffer ausgekarrt und am Ufer gestapelt werden, das Packen auf Fuhrwerke in Fortfall kommt.

Förderkosten bei einer Jahresleistung von 50 Millionen Steinen zu je 3,3 kg = 165 000 t Nutzlast (ohne Kasten).

1. Abschreibung von 50 000 Mk. zu 10% für Eisenkonstruktion der Krananlage . . . . 5000,— Mk.
   oder für 1000 Steine . . . . 0,10 -
2. Verzinsung von 50 000 Mk. zu $4^1/_2$% . . . . 2200,— -
   oder für 1000 Steine . . . . 0,044 -
3. Stromkosten für 1000 Steine (Durchschnitt aus Förderung auf Fuhrwerk oder Lager) . . . . . . 0,055 -
4. Kranführer bei 300 Arbeitstagen zu 6 Mk. und 3 Kranführern ergibt $\frac{50\,000}{3 \times 300}$ = 55 000 Steine täglich, für

1000 Steine $\frac{6{,}00}{55} = 0{,}11$ Mk., einschließlich Putz- und Schmiermaterial	0,12 Mk.
5. Unvorhergesehenes für 1000 Steine, Räumungskostenbeitrag und Reparaturkosten	0,02 -
zusammen	0,34 Mk.
Hierzu 10% Generalunkosten . .	0,03 -
zusammen	0,37 Mk. für Taus.
Bei Förderung auf Lager, wo die Steine ausgepackt werden, kommen an Löhnen 2 × 0,48 . . . . =	0,96 -
hinzu, so daß sich in diesem Falle die Kosten auf	1,33 Mk. belaufen.

Genau genommen, wird bei Förderung auf Lager der Kranführer doppelt so lange in Anspruch genommen, so daß der

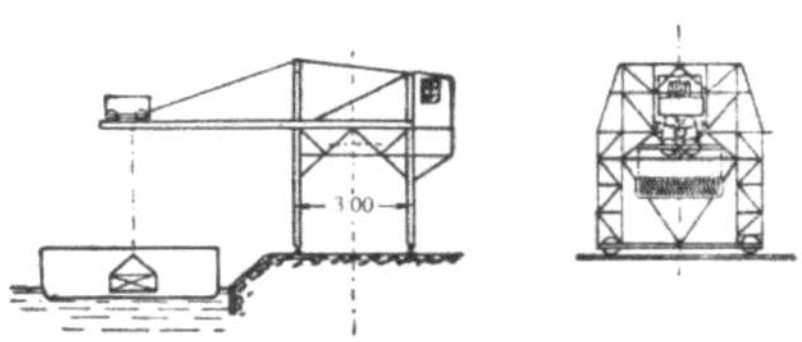

Versuchskran am Urbanhafen

Abbildung 7. Maſsstab 1 : 400.

Unterschied noch größer wird. Auch die Stromkosten, die oben nicht getrennt ermittelt werden konnten, sind bei unmittelbarer Förderung geringer, bei Zwischenlagerung höher als in der Rechnung eingesetzt wurde.

Der Versuchskran der Ziegeltransport-Studiengesellschaft am Urbanhafen (Abb. 7) ist insofern sehr günstig gestellt, da zu seiner Errichtung nur die Genehmigung der Stadt Berlin erforderlich war und diese damals auf Erhebung von Abgaben verzichtete. Das Ufer befand sich in gutem Zustande, so daß besondere Uferbefestigungen nicht nötig waren und die Laufschienen ohne größere Fundierungen verlegt werden konnten. Der Kran wurde im Jahre 1902 von der Benrather Maschinenfabrik für Caesar Wollheim erbaut und von der Ziegeltransportgesellschaft für 21 680 Mk. erworben.

Der Kran kann 40 Kasten zu 1500 Steinen in 6 Stunden fördern, so daß bei 250 Arbeitstagen und 10stündigem Betrieb

100 000 Steine täglich und bei 250 Arbeitstagen 25 Millionen im Jahr gefördert werden können.

1.	Abschreibung von 21 680 Mk. zu 10% für Krananlage	2168,10 Mk.
2.	$4^1/_2$% Zinsen von 21 680 Mk.	975,60 -
	zusammen	3143,70 Mk.
	oder für 1000 Steine	0,09 -
3.	Stromkosten für 1000 Steine (0,25 KW.-St.) einschließlich Kranführer, Putz- und Schmiermaterial	0,13 -
4.	Unvorhergesehenes für 1000 Steine, Räumungskostenbeitrag, Reparaturkosten . .	0,02 -
	zusammen	0,24 Mk.
5.	10% Verwaltungsunkosten	0,02 -
	zusammen	0,26 Mk.

Sollte diese Entladestelle bei Bebauung des Tempelhofer Feldes größere Bedeutung gewinnen, so ist an Stelle des vorhandenen Kranes ein stärkerer geplant, der die Wasserstraße zwischen Ladeinsel und Ufer überspannt und mit zwei Laufkatzen gleichzeitig die Förderung nach beiden Ufern gestattet.

Für die Krananlage am Bundesratufer (Abb 8), die der Ziegeltransportgesellschaft als zweite konzessioniert wurde, erhob die Stadt Berlin 120 Mk. Platzmiete und 270 Mk. Unterhaltungskosten für Straßen, so daß sich die Betriebskosten in folgender Weise zusammensetzen:

1.	Abschreibung von 5600 Mk. zu 10% für Baulichkeiten	560,— Mk.
2.	Verzinsung zu $4^1/_2$%	252,— -
3.	Abschreibung von 27 900 Mk. zu 10% für Eisenkonstruktion	2790,— -
4.	Verzinsung zu $4^1/_2$%	1255,— -
5.	Platzmiete	120,— -
6.	Zinsverlust von $4^1/_2$% für 5900 Mk. Kaution	265,50 Mk.
7.	Straßenunterhaltung	270,— -
	zusammen	5512,50 Mk.
	oder für 1000 Steine bei 30 Millionen jährlich	0,185 -
8.	Stromkosten (0,3 KW.-St.) einschließlich Lohn für Kranführer, Werkzeug, Putz- und Schmiermaterial	0,12 -
	zusammen	0,31 Mk.
9.	10% Verwaltungsunkosten	0,03 -
	zusammen	0,34 Mk.

Die Krananlage in der Fruchtstraße (Abb. 9) ist auf einem Grundstück an der Spree errichtet, das von der Stadt Berlin für 3 Jahre gegen eine jährliche Gebühr von 3000 Mk. gepachtet wurde. Die Kosten für Straßenunterhaltung betragen 345 Mk.

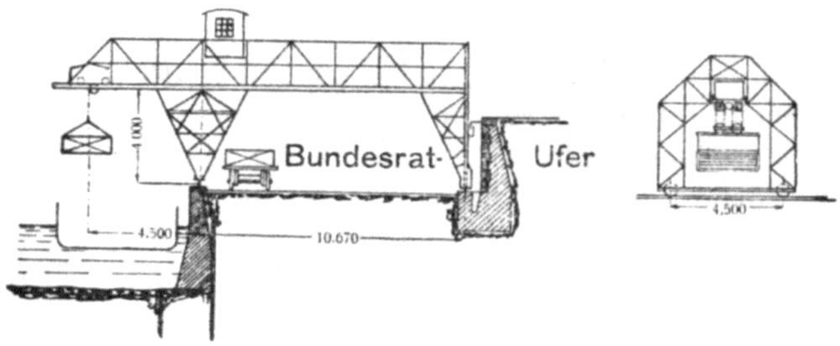

Abbildung 8. Maßstab 1 : 400.

1. Abschreibung 10% von 28 550 Mk. für Krananlage	2 855,— Mk.
2. Verzinsung $4^1/_2$%	1 282,50 -
3. Abschreibung 10% von 24 300 Mk. für Baulichkeiten	2 430,— -
4. Verzinsung $4^1/_2$%	1 093,50 -
5. Platzmiete	3 000,— -
6. Straßenunterhaltung	345,— -
zusammen	11 007,— Mk.
oder für 1000 Steine bei 30 Millionen . .	0,37 -
7. Stromkosten (0,3 KW.-St.) einschließlich Kranführer, Putz- und Schmiermaterial .	0,13 -
8. Unvorhergesehenes, Räumungskostenbeitrag, Reparaturkosten	0,02 -
zusammen	0,52 Mk.
9. 10% Verwaltungsunkosten	0,05 -
zusammen	0,57 Mk.

Für Benutzung der beiden Krananlagen der Stadt Charlottenburg (Abb. 10 u. 11) hat die Ziegeltransportgesellschaft bei 10stündigem Arbeitstag täglich laut Tarif 15 Mk. für den Kran zu bezahlen. Überstunden werden mit 2,50 Mk. berechnet. Da das Ufergeld für einen halben Liegetag (bis 6 Stunden) 12 Mk., für den ganzen Tag (bis 24 Stunden) 20 Mk. beträgt, während an anderen

Stellen Berlins höchstens 8 Mk. bezahlt werden, so hat die Gesellschaft außer den 15 Mk. Krankosten tatsächlich wenigstens 4 bzw. 12 Mk. zu bezahlen, die ebenfalls dem Kran zugute kommen. Bei 6stündiger Anlege- und Entladezeit stellen sich die tatsächlichen Abgaben für den Kran auf 19 Mk., bei zwei

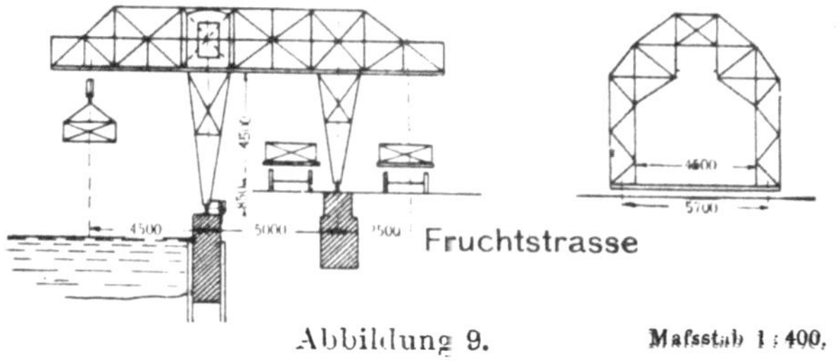

Abbildung 9. Maßstab 1 : 400.

Fahrzeugen täglich, die ohne Überstunden entladen werden auf 23 Mk., oder 11,50 Mk. für das Fahrzeug und bei mehr als 6stündiger Liegezeit auf 27 Mk. für ein Fahrzeug. Die Förderkosten würden für das Tausend Steine bei einer Ladung von 55 000 Stück je nachdem 0,35 Mk., 0,21 Mk. oder 0,49 Mk.

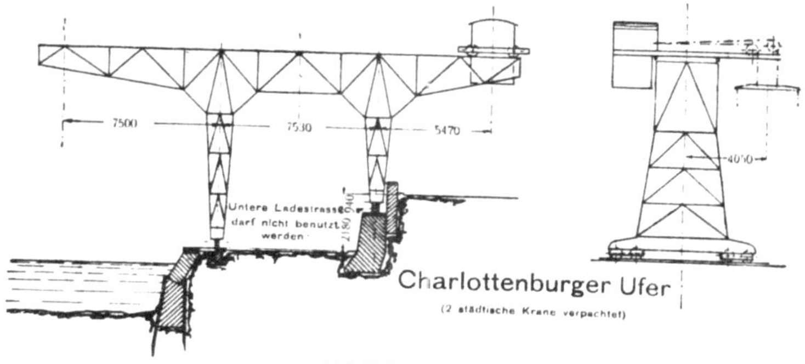

Abbildung 10. Maßstab 1 : 400.

betragen. Da hierbei keine Überstunden angenommen wurden und da die Gesellschaft noch weitere Verpflichtungen eingehen mußte, würden sich die Kosten noch höher stellen.

Die verlangte Sicherstellung einer Mindesteinnahme von 11 000 Mk. für jeden Kran einschließlich Ufergeld kommt einer täglichen Abgabe von 44 Mk. (einschließlich Ufergeld) bei

250 Arbeitstagen gleich. Die tatsächlichen Förderkosten stellen sich also im günstigsten Falle bei starker jährlicher Beanspruchung der Krananlage und schnellster Abfertigung der Fahrzeuge auf 28 Mk. täglich.

Bei einer Benutzung durch Konkurrenten, die im Vertrag vorgesehen ist, würde sich die merkwürdige Tatsache ergeben, daß die Ziegeltransportgesellschaft, die den Kran ständig benutzt und seine Existenz sicherstellt, die Anlage ihren Konkurrenten

Abbildung 11. Städtische Krananlage in Charlottenburg.

gegen eine geringere Gebühr zur Verfügung stellt, als sie selbst zahlen muß.

Die Stadt Charlottenburg erhebt an anderen Ladestellen für 6 Tage nur 10 Mk. Liegegeld, an den Maschinenkranen für einen halben Tag (6 Stunden) 12 Mk. und für einen ganzen Tag (über 6–24 Stunden) 20 Mk. Da das Ufer durch die alten Fahrzeuge im Durchschnitt mindestens 5 Tage in Anspruch genommen wird, während die Ziegeltransportgesellschaft in einem Tage

Tafel III.

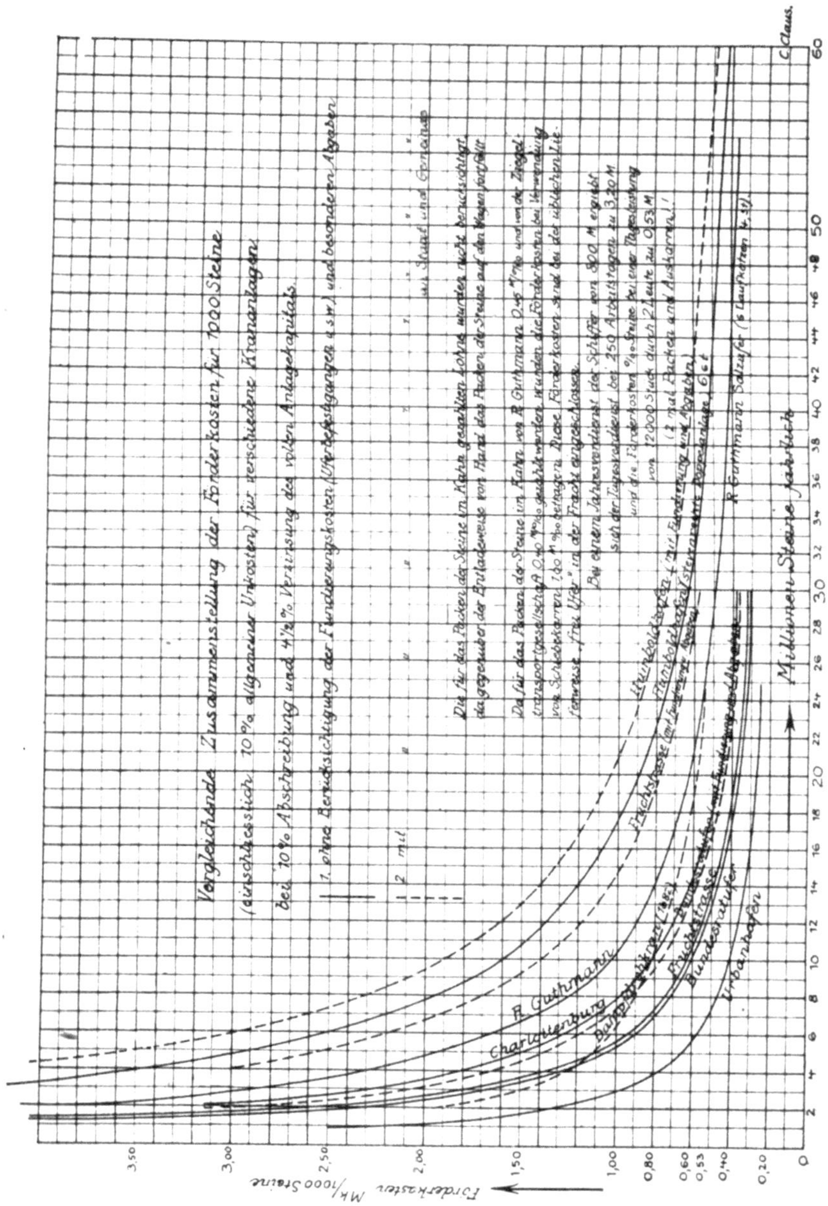
Vergleichende Zusammenstellung der Förderkosten für 1000 Steine
(einschliesslich 10% allgemeine Unkosten) für verschiedene Krananlagen
Bei 10% Abschreibung und 4½% Verzinsung des vollen Anlagekapitals.
R. Guthmann
Charlottenburg
Urbanhafen
Bundesrathufer
Millionen Steine jährlich
Förderkosten Mk/1000 Steine
C. Claus.

2 Fahrzeuge löschen muß, so nimmt die Stadt Charlottenburg an den Maschinenkranen $5 \times 2 \times 12 - 10$ oder 110 Mk. in fünf Tagen oder 22 Mk. täglich mehr ein, die dem Kran zugute kommen. Die tatsächliche Einnahme der Stadt beträgt daher bei äußerster Ausnutzung der Anlage (ohne Überstunden, da dann je 2,50 Mk. hinzukommen) $22 + 15 = 37$ Mk. Wird täglich nur ein Kahn in 5 Stunden gelöscht, so beträgt die tatsächliche Einnahme der Stadt $\frac{5 \cdot 12 - 10}{5} + 15 = 25$ Mk. Da aber bei so schwachem Betrieb die Steine häufig nicht in 6 Stunden abge-

Tafel IV.

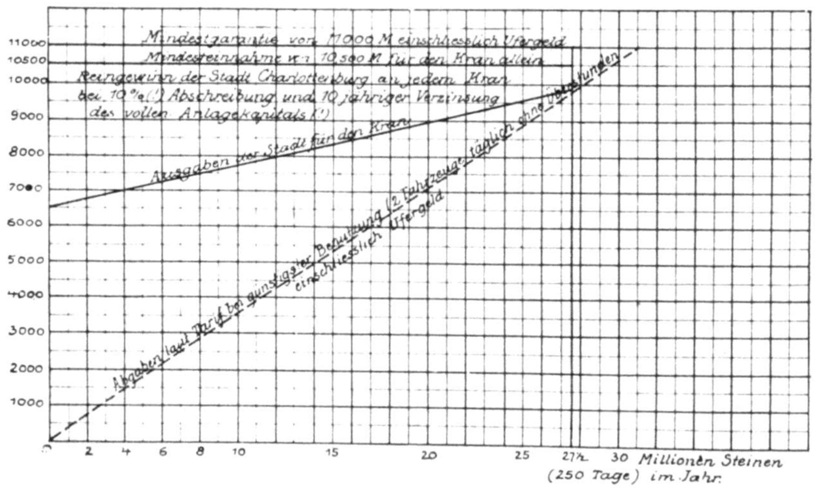

fahren werden können, muß das Fahrzeug länger liegen und die Einnahme der Stadt beträgt $\frac{5 \cdot 20 - 10}{5} + 15 = 33$ Mk.

Da bei äußerster Ausnutzung einer Ladestelle nur $\frac{10}{5} \times 250 = 500$ Mk jährlich einkommen, die zur Unterhaltung des Ufers dienen können, so ist die Mindesteinnahme auf den Kran allein bezogen $11\,000 - 500 = 10\,500$ Mk.

Es sind daher alle Versuche, die tatsächlichen Einnahmen der Stadt aus dem Kran bei verschiedener Inanspruchnahme zu berechnen, zwecklos, da man die Höchstsumme bei 250 Tagen nur zu $250 \times 37 = 9250$ Mk. erhält.

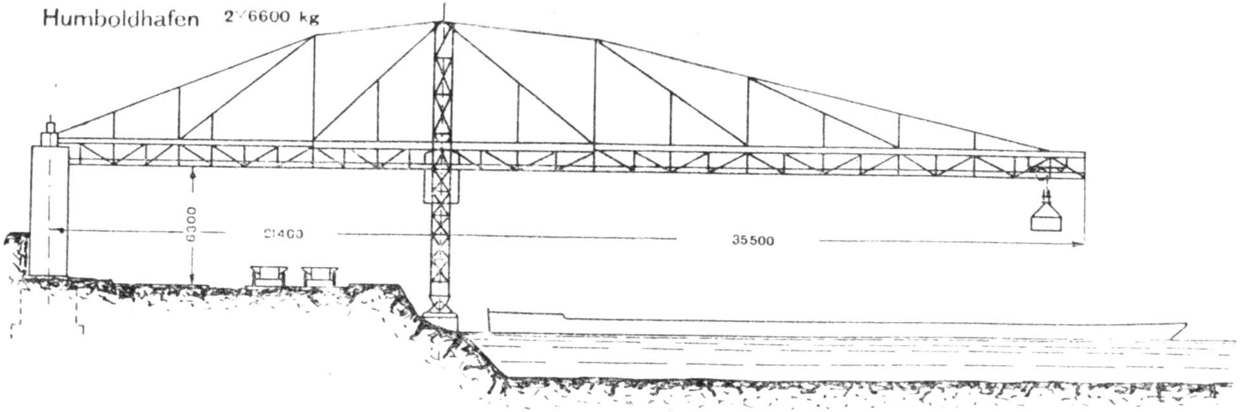

Abbildung 12.

Maßstab 1:400.

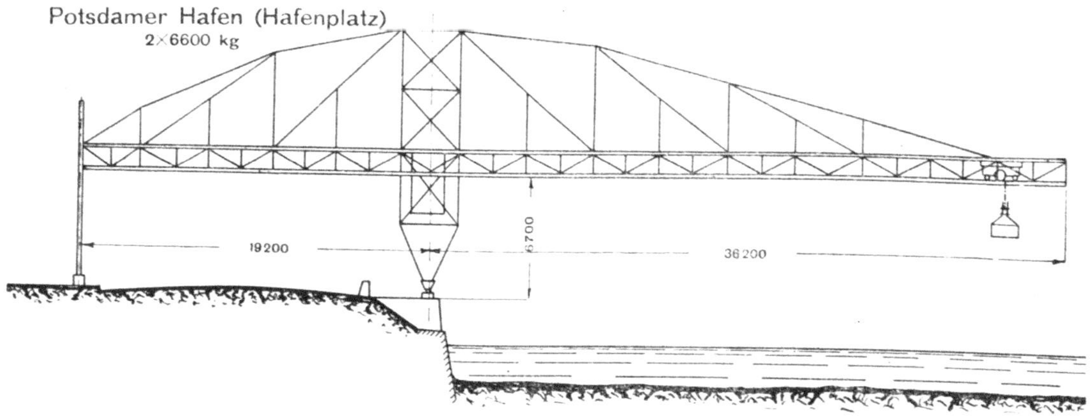

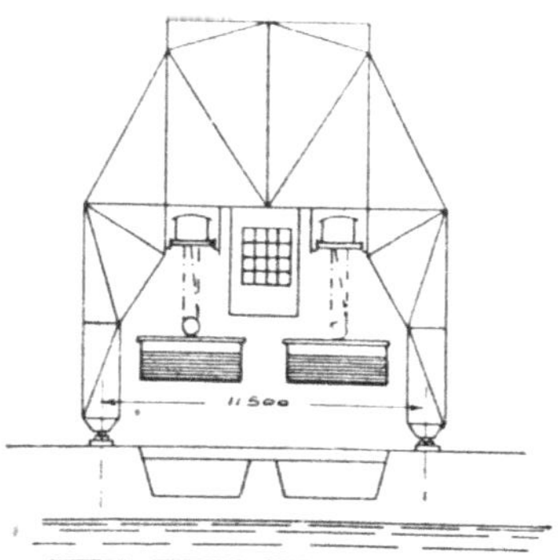

Zu Abbildung 13.

Abbildung 13.

Maßstab 1:400.

Über Förderkosten und die erzielten Überschüsse geben die betreffenden Kurven (Tafel III und Tafel IV) den besten Aufschluß.

Die Kosten für Uferbefestigung, Stützmauer gegen die hochgelegene Straße usw. in Höhe von $\frac{40\,810}{2}$ Mk. können jeder Krananlage nur mit $\frac{10\,000}{2} = 5000$ Mk. zur Last gelegt werden.

Die Selbstkosten der Stadt stellen sich wie folgt:

1. Abschreibung von 38 750 Mk. für die Eisenkonstruktion mit 10%	3 875,—	Mk.
2. Verzinsung zu 4%	1 550,—	-
3. Baulichkeiten 5000 Mk. zu 10%	500,—	-
4. Verzinsung zu 4%	20,—	-
Feste jährliche Ausgaben	5 945,—	Mk.
5. Stromverbrauch bei 110 000 Steinen täglich, 250 Arbeitstagen und einem Preis von 0,10 Mk./KW-St. einschließlich Putz- und Schmiermaterial	1 150,—	-
6. Kranführer	1 500,—	-
7. Reparaturen, Unvorhergesehenes, Räumungskosten	500,—	-
zusammen	9 095,—	Mk.
8. 10% Verwaltungsunkosten	910,—	-
zusammen	10 000,—	Mk.

Der zuletzt dem Verkehr übergebene Kran der Ziegeltransport-Aktiengesellschaft am Humboldthafen (Abb. 12) stellt einen neuen Typ dar, indem er einmal für stevenrechte Entladung und außerdem als Doppelanlage ausgeführt wurde. Die stevenrechte Entladeweise kommt bei dem kleinen Hafenbecken überhaupt nur in Frage, für die Ausführung als Doppelanlage war maßgebend, daß in Berlin fast ausschließlich entweder Kalksandsteine oder gebrannte Hintermauerungssteine verlangt werden. Um beide Sorten gleichzeitig zur Verfügung zu haben und das störende Auswechseln der Kähne bei gemischtem Bedarf vermeiden zu können, lag es nahe, für jede Sorte eine Krananlage zu errichten und beide in eine Doppelanlage zusammenzuziehen (s. auch Abb. 13).

	Die Kosten der Krananlage betragen . .	82 310,—	Mk.
	- - des gemauerten Pfeilers . .	7 925,—	-
	zusammen	90 235,—	Mk.
1.	Abschreibung 10 % von 90 235 Mk. . .	9 023,50	-
2.	Verzinsung $4^1/_2$ % - 90 235 - . .	4 060,60	-
3.	Abschreibung 10 % - 10 655 - für Baulichkeiten	1 065,50	-
4.	Verzinsung $4^1/_2$ % von 10 655 Mk. . . .	479,40	-
5.	Straßenunterhaltung	1 500,—	-
	zusammen	16 129,—	Mk.
	oder für 1000 Steine bei 60 Mill. im Jahr	0,27	-
6.	Abgabe an die Stadt Berlin 0,05 für 1000 Steine	0,05	-
7.	Unvorhergesehenes, Räumungskostenbeitrag und Reparaturen	0,02	-
	zusammen	0,34	Mk.
8.	Stromkosten (0,03 Mk.) einschließlich Kranführer, Putz- und Schmiermaterial . . .	0,13	-
	zusammen	0,47	Mk.
9.	Allgemeine Unkosten 10 %	0,05	-
	zusammen	0,52	Mk.

Von Interesse sind zum Vergleich die Betriebskosten eines Dampfdrehkranes (Abb. 4), der von der Firma Guthmann am Potsdamer Hafen benutzt wird und im Jahre 1882 von der früheren Berliner Maschinenfabrik von Hoppe für die Berliner Krangesellschaft Bachstein & Co. geliefert wurde..

Auf der linken Seite des Kranes wirken zwei schwingende Zylinder auf eine gemeinsame Kurbel.

Von fünf gleichartigen Kranen gingen bei Auflösung der Krangesellschaft drei in den Besitz von R. Guthmann bzw. später von den Mörtelwerken über (zwei am Potsdamer Hafen, einer am Humboldthafen), einen erwarb der Berliner Lloyd (am Humboldthafen) und der fünfte diente seitdem dem allgemeinen Verkehr am Nordhafen.

Der Kran am Hafenplatz ist von der Firma Guthmann gegen eine vierteljährliche Pacht von 875 Mk. von den Mörtelwerken gepachtet worden. Außerdem zahlt die Firma die Domänenabgaben von 117 Mk. Der Kran soll einschließlich Fundierung (10 000 Mk.) 35 000 Mk. gekostet haben.

Der große Nachteil feststehender Drehkrane für den Verkehr besteht darin, daß sie fast die doppelte Kahnlänge des Ufers für sich in Anspruch nehmen.

Die Abgabe für jeden Kran wurde im Jahre 1879 von der Stadt Berlin auf 100 Mk. festgesetzt und später bis auf 500 Mk. erhöht.

Da die Dauer eines Kranspieles einschließlich des Verholens etwa $3^1/_2$ Min. dauert, so kann man die jährliche Leistung auf 25 Millionen annehmen.

1. Jährliche Pacht 3500 Mk. oder für 1000 Steine . . . . 0,14 Mk.
2. Kohle, Putz- und Schmiermaterial 0,125 - [1])
3. Bedienung:
   1 Kranführer
   $\frac{35,-}{6} \cdot \frac{250}{25\,000} = 0,058$ für Taus.
   1 Heizer
   $\frac{27,50}{6} \cdot \frac{250}{25\,000} = 0,046$ -
   1 Arbeiter zum Verholen
   $\frac{28,-}{6} \cdot \frac{250}{25\,000} = 0,047$ -
   0,151 für Taus. 0,15 -
4. Unvorhergesehenes, Räumungskostenbeitrag, Reparaturen . . . 0,07 -
   zusammen 0,49 Mk.
5. 10% allgemeine Unkosten . . . . 0,05 -
   zusammen 0,54 Mk. für Taus.

Eine vergleichende Zusammenstellung der Wirtschaftlichkeit einzelner Krananlagen bei verschiedenen jährlichen Fördermengen (vgl. Kurventafel III) ergibt zunächst, daß der Kran am Urbanhafen mit seinen geringen Anlagekosten am billigsten arbeitet.

Wegen seiner geringen Tragfähigkeit und Arbeitsgeschwindigkeiten entspricht er nicht mehr den Anforderungen, die seit seiner Aufstellung größer geworden und bei den folgenden Anlagen berücksichtigt sind.

Bundesratufer und Fruchtstraße haben als Krananlagen etwa gleiche Anlage- und Betriebskosten, arbeiten aber mit sehr verschiedenem wirtschaftlichem Erfolg, da die Fundierungskosten

[1]) ohne Zuschläge nach Rechnungen über drei Betriebsmonate.

an der Fruchtstraße die Höhe der Krankosten fast erreichten und da die Abgaben an die Stadt höher sind als am Bundesratufer.

Die Guthmannsche Anlage am Salzufer arbeitet in Anbetracht ihrer geringen Tragfähigkeit ungünstig. Die hohen Anlagekosten für die sechs Laufkatzen, der starke Stromverbrauch (0,05 Mk./1000), der durch die Uferhöhe von 6 m bedingt ist und die erforderlichen drei Kranführer tragen zu diesem Ergebnis bei. Die Kurve würde noch ungünstiger im Verhältnis zu den anderen erscheinen, wenn der Preis für die KW.-St. bei ihnen nicht ebenso hoch wie am Salzufer (mit 16 Pf./KW.-St.) eingesetzt wäre. Die Ziegeltransportgesellschaft erhält bei ihrem großen Strombedarf für Krananlagen und Akkumulatoren die KW.-St. für 10 Pf., sofern nicht durch Umformen höhere Kosten (12 Pf.) entstehen. Ferner sind die hohen Fundierungskosten (50 000 Mk.) außer Betracht gelassen worden, da sie für den Besitzer wegen der hohen Wertsteigerung des Grundstücks nicht in Betracht kommen. Andererseits ist günstig, daß Abgaben an die Stadt fortfallen und das Ufergeld niedrig ist.

Die hohen Anlagekosten bei stevenrechter Entladeweise, wie sie am Humboldthafen zum ersten Male ausgeführt wurde, steigern naturgemäß die Förderkosten beträchtlich. Die Anlage ist außerordentlich leistungsfähig, da sie als Doppelanlage ausgeführt ist nnd da die Zeit für das Verholen des Kranes bzw. das Verholen des Schiffes in Wegfall kommt. Für den Geschäftsbetrieb kommt besonders in Frage, daß das zeitraubende Auswechseln teilweise gefüllter Fahrzeuge fortfällt, wie es durch den gleichzeitigen Bedarf von Ziegeln und Kalksandsteinen nötig wird.

Die bei Krananlagen üblichen hohen Abschreibungen von 10% stellen die Anlage nach 10 Jahren kostenlos zur Verfügung, da ein moderner Kran in 10 Jahren technisch kaum so weit überholt wird, daß er als wertlos gelten kann. Sollte inzwischen an der betreffenden Stelle kein Bedarf mehr vorliegen, so kann der Kran an einem anderen Orte wieder aufgebaut werden.

Vergleicht man die Förderkosten bei Verwendung von Krananlagen mit den Löhnen, die man für Auskarren der Steine zahlen müßte (1 Mk. für 1000), so ergibt sich die Überlegenheit der Krananlage schon bei geringen Fördermengen. Legt man den Jahresverdienst des Schiffers einer Berechnung zugrunde, die feststellen soll, was der Schiffer in der Zeit des Auskarrens bei seiner Lieferweise „frei Ufer“ verdient, so ergibt sich, daß er für 0,53 Mk. (!) 1000 Steine (9 Karren) auf die Karre legt, ans Ufer fährt und auspackt. Absichtlich wurde die hohe Tagesleistung von 12 000 Steinen durch zwei Leute zugrunde gelegt. Nur der Umstand, daß bei der Krananlage das Packen der Steine auf den Wagen fortfällt, wofür 0,40—0,50 Mk. gezahlt werden, läßt selbst diesem Preise gegenüber die Krananlagen billiger arbeiten, sofern nur die nötigen Fördermengen erzielt werden.

In anderer Fassung lautet daher die Bedingung für die Zweckmäßigkeit der Verwendung von Kranen:

Krananlagen können wirtschaftlich arbeiten, wenn es dauernd möglich ist, die Schiffsladungen von 60 000 Steinen in weniger als einem Tage auszukranen und die verwendeten Förderkasten ohne Umladen von Hand auf die Baustelle zu fahren.

Bei unmittelbarer Abfuhr kann nur ein großes Unternehmen diese Bedingung erfüllen, da nur eine große Verteilungsstelle die Abfuhr nach verschiedenen naheliegenden Bauten regeln kann, wie im ersten Teil bereits ausführlich erörtert wurde. Störungsfrei läßt sich trotzdem die An- und Abfuhr nicht immer regeln.

So hat sich auch bei der Ziegeltransportgesellschaft besonders mit Rücksicht auf die Ausnutzung der Kähne als wünschenswert herausgestellt, die Krananlagen mit einem kleinen Stätteplatze zu verbinden, um die Kasten im Bedarfsfalle vorübergehend am Ufer absetzen zu können. Bei einem weiteren Konzessionsgesuch der Ziegeltransportgesellschaft sollte daher ein Stück Land gepachtet werden.

Es handelte sich hier also, genau wie bei dem Projekte eines städtischen Stätteplatzes in Charlottenburg, technisch darum, einen Kasten mit 1500 Steinen im Höchstgewicht von 6,5 t aus dem Kahn nach einer beliebigen Stelle eines Platzes zu bringen, der in einiger Entfernung vom Ufer liegt.

Will man hierbei an Stelle von zwei oder mehreren Laufkranen ein einheitliches Fördermittel anwenden, so bietet die neuere Hebezeugtechnik die Möglichkeit hierzu in Form von Hängebahnen, die entweder durch Fernsteuerung von einer Stelle aus (Elektrohängebahnen) oder durch den mitfahrenden Führer Motorlaufkatzen mit Führerstand) betätigt werden.

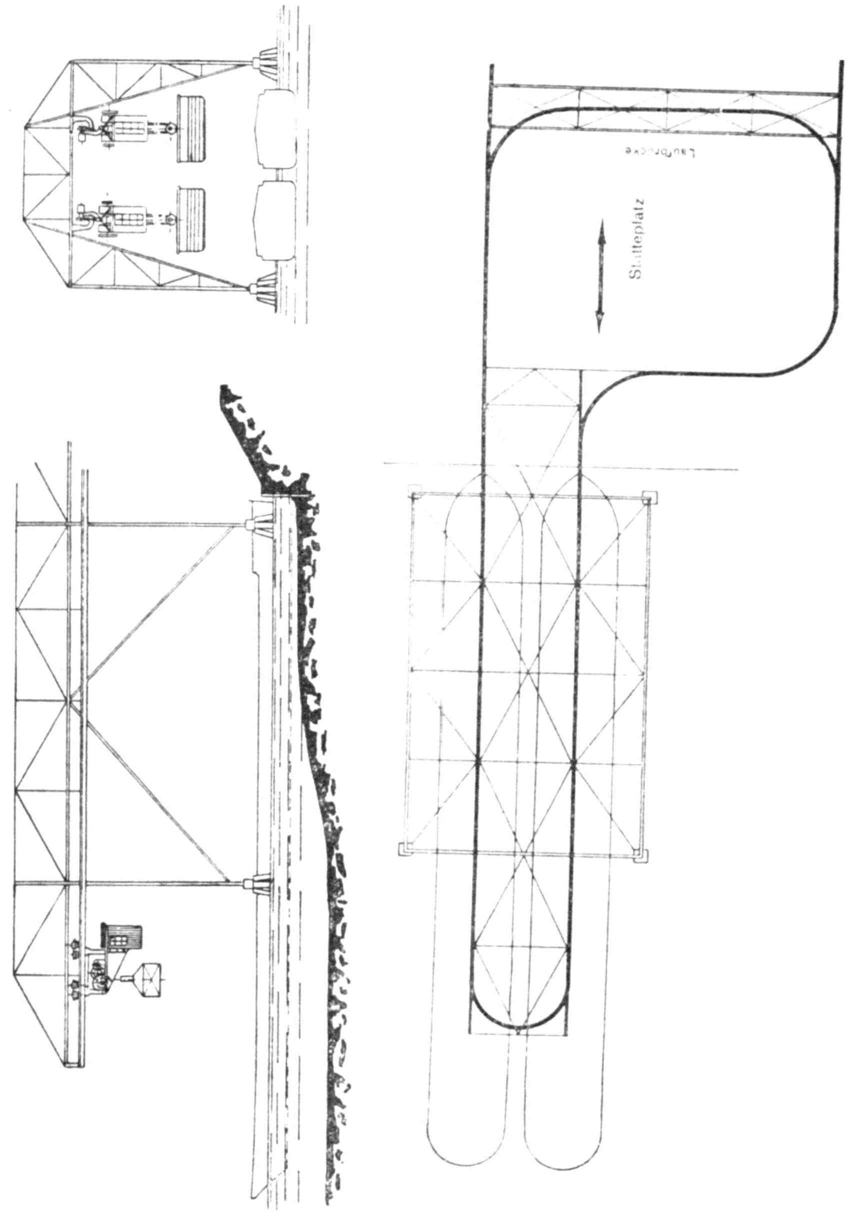

Führerstandslaufkatze für Ziegeltransport auf Stätteplätze

Im vorliegenden Falle, wo es sich darum handelt, große Einzellasten bei jeder Fahrt auf einen anderen, genau bestimmten Platz zu bringen, z. B. einen Kasten genau neben oder auf einen anderen oder auf ein Fuhrwerk zu setzen, ist die Führerstandslaufkatze am Platze, da sie umständliche Schaltungen vermeidet und dem mitfahrenden Führer ermöglicht, die Bewegungen der Last genau zu beobachten.

Schon bei den einfachen Krananlagen wäre die Verwendung von Führerstandslaufkatzen empfehlenswert, da sie dem Führer ein schnelles und sicheres Arbeiten ermöglichen, während er jetzt vielfach auf die Zurufe und Zeichen der Packer und Fuhrleute angewiesen ist.

Übergreifende Schleppschienen gestatten den Übergang von der festen Fahrbahn auf eine fahrbare Brücke (s. Abb. 14), die den ganzen Platz bestreicht. Im ersten Ausbau kann Pendelbetrieb eingeführt werden, während später bei gleichzeitiger Entladung von vier Kähnen Ringbetrieb vorzuziehen ist.

Für den Charlottenburger Stätteplatz sind Laufkrane am Ufer und Laufkrane auf dem Platz vorgesehen. Zwischen ihnen sollen Wagen zunächst mit Pferdebetrieb und später mit Automobilbetrieb den Verkehr vermitteln. Die hochgelegene Ladestraße soll unterführt werden, so daß die Steine auf ebener Bahn zum Stätteplatz fahren können.

Die Vereinigung von Krananlage mit Stätteplatz würde es ermöglichen, die Vorteile der Entladeweise durch Krane auch dem Besteller einer Ladung zukommen zu lassen, da er die Steine, die der Bau nicht sofort aufnehmen kann, für einige Tage stapeln könnte.

Leider ist für solche Anlagen in Berlin kaum noch Platz.

Charlottenburg hat sich vor längerer Zeit bereits das betreffende Grundstück gesichert.

Von der Bemessung der Tarife wird es abhängen, ob die Benutzung des Stätteplatzes auch für Händler und Bauunternehmer günstig ist. Jedenfalls tritt ein solcher Platz, auch ohne Berücksichtigung der höheren Förderkosten, nur für ein bestimmtes Gebiet in Wettbewerb, da die Entfernung der Bauten bei den Abfuhrkosten eine große Rolle spielt.

Jede der beiden Möglichkeiten: unmittelbare Abfuhr durch zentrale Verteilungsstellen, oder Zwischenschalten eines Stätteplatzes bei Benutzung durch einzelne Unternehmer setzt bei dem Schiffer voraus, daß er rechtzeitig am Kran eintrifft und sich dem Geschäftsbetriebe genau so fügt wie der Angestellte eines Privatunternehmens.

Da Beispiele zeigen, daß der Zusammenschluß selbständiger Unternehmer zu gemeinsamem Erwerb, wie er etwa auf genossenschaftlicher Grundlage stattfinden könnte, niemals den Erfolg des einheitlich geleiteten Privatunternehmens hat, so ist es unwahrscheinlich, daß ein solcher Zusammenschluß den Wettbewerb mit bestehenden Unternehmungen aufnehmen könnte, die ihren Angestellten gute Lebensbedingungen gewähren. Der Vorteil zentral geleiteter Unternehmungen, die lediglich Angestellte haben, besteht immer darin, daß eine Auslese der für die Geschäftsführung geeignetsten Kräfte stattfindet und daß straffe Disziplin möglich ist, während bei der Genossenschaft die Persönlichkeit des Vorsitzenden ausschlaggebend ist. Für die Heranbildung geeigneter Nachfolger ist nicht gesorgt, und ein selbständiges Handeln einzelner Genossen kann nicht vermieden werden.

Es kann weder als vorteilhaft noch als wünschenswert erachtet werden, den Schiffer bei solchen Bestrebungen zu unterstützen, da die Organisation der Angestellten gut geleiteter Unternehmungen vorteilhaftere Lebensbedingungen schafft, als sie von Genossenschaften gewährt werden können, denen aussichtsreiche Betätigung, Intelligenz der Leitung und Straffheit der Organisation fehlen.

Das Melde- und Abgabenwesen in Berlin und die Möglichkeit einer Monopolstellung für die Ziegeltransport-A.-G.

Jeder nach Berlin kommende Kahn, der beispielsweise eine Ladung Steine von Zehdenick bringt, führt folgende Papiere mit sich:

1. Eichbescheinigung seines Fahrzeuges.
2. Ladeschein der Ziegelei (dient als Ladeverzeichnis für den Schleusenmeister und als Bescheinigung für den Empfänger; muß abgestempelt sein).
3. Einen Zollzettel für die benutzten Zollschleusen (Schleusen, an denen Schleusengeld erhoben wird, und von jeder Schleuse eine kleine Karte mit aufgedrucktem Betrag.

(Kupon) als Bescheinigung, daß die Schleusengebühren richtig bezahlt oder gestundet (Ziegeltransportgesellschaft) sind. Eine zweite Ausfertigung des Zollzettels bleibt der Behörde.

4. Den Zollzettel von der vorletzten Fahrt, d. h. der Leerfahrt nach Zehdenick; nur gegen Vorzeigung des Zollzettels der letzten Reise wird ihm ein neuer ausgestellt und das Passieren der Schleuse gestattet.
5. Sämtliche polizeilichen Anmeldepapiere für den Schiffsführer, seine Familie und den Bootsmann (Invaliditätskarte, Paß usw.). Auf zwei gleichartigen Formularen werden Schiffer und Bootsmann zusammen gemeldet, auf einem dritten der Bootsmann allein. Bei seiner Ankunft in Berlin macht der Schiffer sein Fahrzeug vor der letzten Schleuse (Plötzensee) fest. Dann geht er zum Empfänger der Ladung und läßt sich eine Bescheinigung geben, daß die Ladung für ihn ist, und die Ausladung an dieser oder jener Stelle geschehen soll. Hierbei wird der Schiffer vielfach an eine zweite und von da wohl noch an eine dritte Order weiter verwiesen und erhält überall einen entsprechenden Vermerk.

Mit dem Ladeschein, dem Eichschein, den Anmeldepapieren und der Bestätigung des Empfängers muß er zum Polizeischiffahrtsbureau (in Berlin Probststr. 8, in der Nähe des Rathauses) gehen, um sich auf Grund dieser Papiere einen Anlegeschein geben zu lassen und das Ufergeld zu bezahlen. Dies dauert je nach dem Andrang auf dem Polizeischiffahrtsbureau ½ bis 2 Stunden (vergl. auch die abweichenden Bestimmungen für Charlottenburg).

Im Besitze des Anlegescheines kehrt der Schiffer zu seinem Fahrzeug zurück, wird nunmehr erst durch die Plötzenseeschleuse gelassen und kann zu seiner Entladestelle fahren.

Diese ganze Meldeangelegenheit kann einen vollen Tag und länger in Anspruch nehmen.

Schiffe, die mit Vorschleuserecht fahren, haben das Recht, die Schleuse sofort zu durchfahren, dürfen aber nicht eher anlegen, bis der Anlegeschein vom Polizeischiffahrtsbureau besorgt ist. Der Nutzen der Vorschleusung kommt natürlich in diesem Falle kaum noch zur Geltung.

An der Anlegestelle muß der zuständige Schutzmann die Meldung bestätigen.

Ist der Kahn leer, dann muß der Schiffer einen Abmeldeschein (grün) ausfertigen und mit dem vom Schutzmann unterschriebenen Anlegeschein, sowie dem Duplikat des Anlegescheines zum Polizeischiffahrtsbureau gehen. Erst jetzt darf der Schiffer, nachdem der Abmeldeschein abgegeben und das Duplikat des Anmeldescheines nochmals abgestempelt ist, nach Zehdenick zurückfahren.

Zu statistischen Zwecken ist bei der Ankunft und Abfahrt des Schiffers je eine Zählkarte (gelb bzw. grün) auszufüllen.

Bei Anlegestellen, wo auch noch städtische Behörden Abgaben erheben, wie z. B. am Bundesratufer, Urbanhafen, Fruchtstraße usw., mußte der Schiffer bis zum 1. Mai 1909 außerdem auch noch zum Rathaus gehen und dort einen Teil des Ufergeldes bezahlen, mit der Bescheinigung hierüber dann zum Polizeischiffahrtsbureau, wo die Meldung in der geschilderten Weise erfolgte.

Für Charlottenburger Gebiet ändert sich das Verfahren insofern, als der Schiffer, anstatt zum Schiffahrtsbureau Berlin, zum Schiffahrtsbureau Charlottenburg gehen muß, und daß als weitere Instanz ein städtischer Lademeister hinzukommt. Für die städtischen Lösch- und Ladestellen wird das Ufergeld von der Stadt durch den Lademeister erhoben. Die Stadt zahlt für diese Stellen jährliche Räumungskosten an den Fiskus. Für die städtischen Ladestellen an der Flora, die vom Staat als Privatstellen behandelt werden, wird das Ufergeld teils auf dem Schiffahrtsbureau, teils ($^1/_4$ des staatlichen) durch den Lademeister erhoben, während am gegenüberliegenden Salzufer nur fiskalisches Ufergeld erhoben wird.

Ganz kompliziert jedoch wird die Meldungsangelegenheit für Fahrzeuge, die beispielsweise nach dem Rixdorfer Stichkanal oder dem Urbanhafen fahren müssen. Sie dürfen zwar die Plötzenseeschleuse passieren und bis an die Tiergartenschleuse fahren, müssen dann aber, nachdem sie vom Schleusenmeister der Tiergartenschleuse die Bescheinigung über die Zollabfertigung erhalten haben, erst zur Mühlendammschleuse wandern, um Schleusengeld zu bezahlen und den Zollzettel abstempeln zu lassen; erst dann kann die vorgeschriebene Meldung erfolgen und nach Rückkehr des Schiffers das Fahrzeug die Schleuse passieren.

Daß dieses umständliche Verfahren nicht gerade geeignet ist, belebend auf die Tatkraft des Schiffers einzuwirken, liegt auf der Hand, ebenso, daß eine technisch vollkommenere Betriebsweise, wie sie von der Ziegeltransportgesellschaft angewendet wird, auf das Empfindlichste gehemmt wird. Die Krananlagen müssen, um einigermaßen wirtschaftlich arbeiten zu können, die Ladung von 50—60 000 Steinen in 5--6 Stunden ans Ufer schaffen, in einem Zeitraum also, in dem es nicht einmal möglich ist, nur die Meldung zu erledigen. Sobald ein Fahrzeug entladen ist, muß das nächste zur Stelle sein. Nach Angaben der Gesellschaft ist es häufig vorgekommen, daß die Krananlagen, der Wagenpark für die Steinabfuhr und die Bauten stunden-, ja selbst tagelang stillgelegt wurden, weil das umständliche Meldewesen jedes Disponieren unmöglich machte.

Für den Kleinschiffer mit seinem primitiven Fahrzeug und der langsamen Entladeweise spielt die Zeitversäumnis eine geringere Rolle.

Es würde von Interesse sein, die Verluste, die die Beteiligten durch das jetzt übliche Meldewesen erleiden, einmal zahlenmäßig festzustellen, ähnlich wie es für den Steinhandel mit den Liegegeldern im Bericht der Handelskammer von 1905 (siehe Seite 12) geschehen ist.

Eine gewaltige Arbeitslast wird jährlich von den Schiffern und Behörden geleistet durch Ausfüllen all dieser Scheine und das Eintragen in die Listen. Der Schiffer ist meist nicht in der Lage, die Meldungen selbst zu schreiben. Er wendet sich deshalb an besondere Leute (meistens Gastwirte), die bloß für diesen Zweck eine Schreibstelle eingerichtet haben. Dem Schiffer bleibt nur übrig umherzulaufen von einer Stelle zur andern, bis er müde zu seinem Fahrzeug zurückkehrt und auf Grund seines Scheines „im Rang“ liegen darf, bis die Reihe des Durchschleusens an ihn kommt.

Durch Vereinfachung des Meldewesens ließe sich allein schon eine Entlastung der Wasserstraßen herbeiführen.

Da die Erhebung des Ufergeldes anscheinend auf derselben Grundlage erfolgt wie die Berechnung des Schleusenzolles (nach Tonnen), so erscheint es dem Laien sehr wohl möglich, die letzte Zollschleuse vor Berlin gleichzeitig als Erhebungsstelle für das Ufergeld und als Meldestelle einzurichten. Die einzelnen Meldestellen (3) könnten die erforderlichen Rückfragen untereinander telephonisch erledigen. Hierdurch würde sich das gesamte Abgaben- und Meldewesen in einfachster Weise ohne großen Zeitverlust abwickeln lassen.

Die Abgaben selbst könnten durch Hinterlegung von Kautionen gestundet und monatlich verrechnet werden, wie dies bereits bei dem Schleusenzoll durch die Kgl. Regierung in Potsdam und für die Ziegeltransportgesellschaft bei wöchentlicher Abrechnung an der städtischen Erhebungsstelle in Charlottenburg geschieht.

Für die Oberspree, wo die letzte Berliner Zollschleuse bereits im Weichbilde der Stadt liegt, würde allerdings die Errichtung einer Erhebungs- bzw. Meldestelle erforderlich werden, die etwa bei der Treptower Eisenbahnbrücke oder am Stralauer Anger einzurichten wäre.

Städtische Ufermauern und Abgabenpflicht.

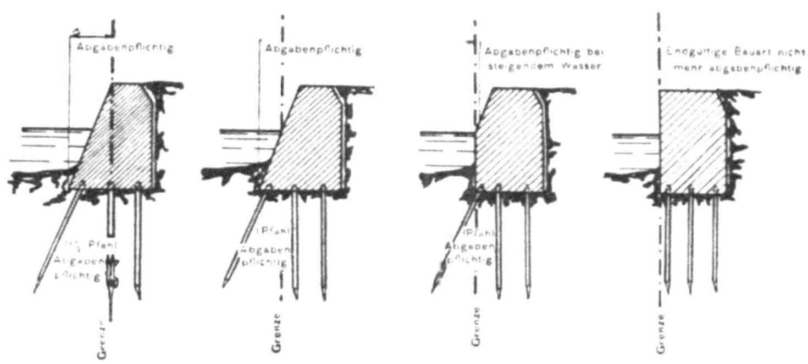

Abbildung 15.

Die polizeiliche Meldung der Angestellten der Ziegeltransportgesellschaft, Robert Guthmann u. A. ließe sich am einfachsten erledigen, wenn die Unternehmer verpflichtet würden, jeden in Dienst tretenden Steuer- oder Bootsmann an- und abzumelden. An der Hand ihrer Schiffsbewegungskarten sind sie jederzeit in der Lage, den augenblicklichen Aufenthaltsort ihrer Angestellten anzugeben, während das Polizeischiffahrtsbureau nur den Aufenthalt in Berlin feststellen kann.

Die Vereinigung von Abgabenerhebung und Meldewesen an einer Stelle setzt voraus, daß die Abgaben, die sich aus fiskalischen und städtischen zusammensetzen, zunächst einheitlich berechnet und gemeinsam erhoben werden.

Das Recht, staatliche Abgaben zu erheben, ist im § 32 des Binnenschiffahrtsgesetzes ausgesprochen. Die Höhe der Abgaben ist durch den Tarif vom 13. Mai 1902 geregelt.

Bei der Regulierung der Wasserstraßen wurde zu beiden Seiten des Wasserlaufes ein schmaler Streifen Land gewonnen, der fiskalisches Eigentum war und in Charlottenburg an einigen Stellen von der Stadt erworben wurde, während er in Berlin im Besitz des Staates blieb.

Für jede Benutzung dieses Streifens durch anlegende Schiffe oder durch Bauwerke erhebt der Staat Abgaben in Form von Ufergeld, Domänenzins und Anerkennungsgebühren.

Wie weit diese Freude an der Erhebung von Abgaben geht, zeigen am besten die Erfahrungen der Städte Berlin und Charlottenburg bei der Anlage von Ufermauern (vgl. die vorstehenden Skizzen, Abb. 15), die in Charlottenburg dazu geführt haben, nur noch senkrecht gerammte Pfähle und senkrechte Mauern zu errichten, die genau mit der Grenzlinie abschneiden.

Bei Wasserläufen, die vollständig von der Stadt Berlin angelegt worden sind (Urbanhafen) oder bei denen die Uferbefestigung von der Stadt hergestellt wurde (Bundesratufer), erhob der Fiskus seither allein die vollen Abgaben in gleicher Höhe wie an den übrigen Wasserstraßen. Natürlich wollte die Stadt Berlin, die zwar das formale Recht zu Abgabenerhebungen nicht besitzt, als glückliche Besitzerin der fraglichen Wasserstraßen bzw. Uferbefestigungen an den Einkünften teilnehmen, die dem Fiskus bisher hier allein zufielen. So wurde nach einigen Differenzen ein Vertrag angebahnt, nach dem für Wasserstraßen, die lediglich von der Stadt angelegt werden, 74%, bei solchen, die gemeinsam gebaut werden, 49% an die Stadt abgeführt werden. Der Fiskus (Domänenrentamt) erhebt die Abgaben und berechnet 1% Erhebungsgebühr. Der Vertrag steht vor seinem Abschluß; die Abgaben werden in der geschilderten Weise bereits seit dem 1. Mai 1909 erhoben.

Es sei hier noch erwähnt, daß sämtliche Kähne gleich hohe Abgaben zahlen müssen, einerlei, ob sie für 5 Tage oder für 5 Stunden anlegen. Erst vom 6. Tage ab sind weitere Abgaben zu zahlen. Die Höhe des Ufergeldes schwankt an den verschiedenen Stellen für den finowmäßigen Kahn zwischen 2 Mk. und 20 Mk. bei einmaligem Anlegen. Für die Spree beträgt es 2 Mk., für die übrigen Wasserläufe 8 Mk., sofern nicht an der betreffenden Stelle eine Krananlage ist oder eine städtische Ladestelle (Charlottenburg). An den Handkrananlagen sind lediglich für Anlegen 12 Mk. und an den Charlottenburger Maschinenkranen 20 Mk. zu zahlen. Das Ufergeld an den städtischen Ladestellen am Charlottenburger Ufer beträgt 12,50 Mk. (200—250 t), an den Ladestellen an der Flora, die vom Fiskus als private Stellen behandelt werden, 10 Mk. und an dem gegenüberliegenden Salzufer wieder 8 Mk.

Bei den Krananlagen kommen weitere Abgaben hinzu:

1. Fiskalische, nämlich feste jährliche Abgaben und Kostenbeiträge für Wasserflächenbenutzung, Räumungskosten und Baggerungen. (Unter Räumungskostenbeitrag sind ursprünglich wohl Beiträge für Baggerungen und Instandhaltung der Wasserfläche zu verstehen.)
2. Städtische Abgaben für Straßen- und Uferbenutzung, die teils als Anerkennungsgebühr, teils als Unterhaltungskosten gedacht sind und dazu benutzt werden, dem Stadtsäckel beträchtliche Einnahmen zuzuführen. Der einfache Schiffer, der seine Steine an irgendeiner Ladestraße auskarrt, hat außer dem Ufergeld von all diesen weiteren Abgaben nichts zu zahlen, weder Räumungskostenbeitrag noch Unterhaltungsbeiträge für Straßen, noch sonstiges.

Die Abgaben sind an sämtlichen Krananlagen verschieden.

An städtischen Abgaben werden bei der zuletzt in Betrieb genommenen Anlage am Humboldthafen 0,05 Mk. für das Tausend Steine erhoben. Die neueste Vorlage sieht sogar für alle Anlagen gleichmäßig 0,10 Mk. vor, so daß bei Ausnutzung einer Anlage, welche jährlich 25—30 000 000 Steine entladen kann, bis 3000 Mk. zu entrichten sind. Die Doppelanlagen am Humboldthafen und Potsdamer Vorhafen sind doppelt so leistungsfähig und würden bei guter Beschäftigung der Stadt je 6000 Mk. einbringen. Das Abkommen ist nach dem Protokoll vom 3. April 1909 vorläufig für die Dauer eines Jahres vorgesehen und sieht eine Neuregelung mit dem 31. Dez. 1909 vor.

Bedenkt man, daß die Stadt Berlin den Nachweis erbracht hat, daß sie nicht imstande ist, den Forderungen des gesteigerten Wasserverkehrs gerecht zu werden, so ist es unverständlich, wenn sie von einer Gesellschaft, die allein hier Wandel schaffen kann, Abgaben erzwingt, die zum Teil damit begründet werden, daß die Stadtverordneten den Magistrat verpflichtet haben, dafür Sorge zu tragen, daß die Gesellschaft nicht das Monopol auf dem Markt erhält.

Da die Stadt Berlin jederzeit neben den Krananlagen der Ziegeltransport-A.-G. andere errichten oder genehmigen kann, so dürfte die Allgemeinheit schon genügend gegen schädliche Folgen eines Monopols geschützt sein, um so mehr, als die Anlagen nur auf jederzeitigen Widerruf genehmigt sind.

Auch Gründe allgemeiner Natur sprechen gegen die Möglichkeit einer späteren willkürlichen Preisgestaltung. Sie könnte nur erfolgen unter Mitwirkung der Ziegeleien, da diese jederzeit etwa unter Mitwirkung von Händlern und Bauunternehmern ein Konkurrenzunternehmen ins Leben rufen könnten, wie es von einigen Ziegeleibesitzern gegen die Kleinschiffer in der „Steintransportgesellschaft Brandenburg“ begründet wurde. Ein Zusammenschluß aller Ziegeleien erscheint nach den seitherigen Erfahrungen ausgeschlossen, da trotz Bildung des Kalksandsteinsyndikates die Tonziegeleien wegen ihrer großen Zahl und ihren verschiedenartigen Lebensbedingungen zu keinem gemeinsamen Vorgehen zu veranlassen waren. Daß sie sich mit ihren Gegnern, den Kalksandsteinfabriken, verständigen werden und daß auf die Dauer der Wettbewerb selbständiger Werke verhindert werden kann, ist nicht anzunehmen, da Robert Guthmann sich wohl nicht fügen würde und da, seit Auftreten der Kalksandsteine, die Gründung neuer Ziegeleien sehr in Frage kommt. Zu der Herstellung von Ziegeln gehört ja weder großes Kapital noch hohe Intelligenz. Sobald der Marktpreis eine gewisse Höhe überschreitet, erscheinen sofort Steine aus benachbarten Ziegelgebieten (Uckermünde, Dresdner Gegend usw.). Wenn wirklich die Vereinigung der Produzenten und eine günstige Preisgestaltung auf die Dauer möglich wäre, so hätte diese Vereinigung doch kein Interesse, die Vorteile dem Transportunternehmen zugute kommen zu lassen, sondern würde gerade hier die Konkurrenz begünstigen. Dies würde um so leichter sein, als andere Unternehmungen, wie Akkumulatorenfabriken, Werften und zahlreiche Fabriken für Rohölmotoren sich voraussichtlich an solchen Gründungen beteiligen würden. Außerdem sind schon jetzt von einigen Unternehmern Garantiesummen gezeichnet. Die Ziegeltransportgesellschaft ist also gar nicht imstande, einen größeren Druck auszuüben.

Würde man sich all diesen Gründen gegenüber verschließen und die Fiktion eines drohenden Monopoles mit Gewalt aufrecht erhalten, so müßte man sich immer noch sagen, daß man ein Monopol, das all diese Hemmnisse überwinden würde, nicht bekämpfen könne. Dann würde es in der Entwicklung der Dinge liegen und jede Belastung des Unternehmens durch Abgaben würde bald auf den Verbraucher abgewälzt werden.

Die Stadt Berlin ist auf den Vorschlag der Ziegeltransportgesellschaft, die Krananlagen selbst zu bauen, wie es Charlottenburg getan hat, und sie jedem und damit auch der Gesellschaft gegen Gebühr zur Verfügung zu stellen, aus begreiflichen Gründen nicht eingegangen. Die Gesellschaft mußte große Kapitalien in Krananlagen festlegen, so daß sie jetzt kaum noch zurück kann. Die städtischen Behörden hätten allen Grund, ein Unternehmen zu begünstigen, das da einspringt, wo die Stadt nicht mehr oder doch nicht ohne große Opfer helfen kann. Statt dessen benutzen sie auf Drängen von Interessenten, denen jeder Wettbewerb ungelegen kommt, die Zwangslage, um Abgaben von einer Gesellschaft zu erzwingen, die zu Zeiten schlechtester Konjunktur unter den ungünstigsten Verhältnissen sich eine Existenz schaffen will.

Diese Art der Verkehrserleichterung entspricht auch dem Vorgehen Charlottenburgs, das bei den beiden öffentlichen Maschinenkrananlagen hohe Überschüsse in barem Gelde herauswirtschaftet, ungerechnet der Ersparnis von über 1½ km Ladestraßen und Uferbefestigungen, die ohne Krananlagen erforderlich gewesen wären. Für die Krane, die an die Ziegeltransportgesellschaft verpachtet sind, mußte eine Mindesteinnahme von 11 000 Mk. sichergestellt werden, die die Auslagen der Stadt übersteigt. Jede Mehreinnahme fließt gleichfalls der Stadt zu. Außerdem sind Bestimmungen getroffen, die eine Benutzung durch andere zulassen. Der Vertrag ist für fünf Jahre abgeschlossen. Die hinterlegte Sicherheit von 50 000 Mk. wird in jährlichen Raten von 10 000 Mk. zurückgezahlt. Das Umformerhäuschen ist auf Kosten und Gefahr der Gesellschaft errichtet und betrieben. Die Stromentnahme muß aus dem städtischen Elektrizitätswerk erfolgen und auch hier mußte eine Mindesteinnahme sichergestellt werden. Das Vorgehen von Berlin und Charlottenburg, die sich beide so gern als vorbildlich nennen hören, übertrifft in diesen Verkehrsfragen noch das Vorgehen des Staates, der seine Eisenbahnen ja auch in erster Linie als Einnahmequellen auffaßt.

Anderseits verdient bei Charlottenburg hervorgehoben zu werden, daß es wenigstens selbst Krananlagen errichtet hat und daß es auch an anderer Stelle versucht, den Bedürfnissen des Steinhandels Rechnung zu tragen.

So ist bereits erwähnt worden, daß der Versuch gemacht wurde, Kasten für Ziegelsteine Interessenten leihweise zur Verfügung zu stellen, um auch kleineren Unternehmern die Vorteile der Entladeweise mit Kranen zugänglich zu machen. Von den Unternehmern wurde von dieser Einrichtung kein Gebrauch gemacht.

Im Interesse der weiteren Entwicklung des Steinhandels ist auch zu begrüßen, daß die Stadt sich bemüht, für wegfallende Stätteplätze Ersatz zu schaffen, indem sie neben dem städtischen Elektrizitätswerk zwischen Caprivibrücke und Siemenssteg einen Stätteplatz anlegt, der durch Transportmittel mit dem Ufer verbunden werden soll (s. Seite 48).

Für den Osthafen ist von der Stadt Berlin die Errichtung einer vierfachen Krananlage für stevenrechte Entladung unter einem Winkel von etwa 67° geplant, die auf Drängen von Interessenten von der Stadt gebaut und der Allgemeinheit zur Verfügung gestellt werden soll. Die Hälfte der Anlage soll an die Ziegeltransportgesellschaft verpachtet werden, während man für die andere Hälfte genügende Beschäftigung durch andere Unternehmer erhofft. Da Guthmann an dem gegenüberliegenden Ufer eine eigene Krananlage hat, erscheint eine ausreichende Beschäftigung kaum möglich, da unmittelbare Abfuhr vorausgesetzt wird.

Die Wirtschaftlichkeit der Schiffe.

Bei Besprechung des Vorschleuserechtes wurde erwähnt, daß die Strombauverwaltung das Vorschleuserecht gewissermaßen als Prämie auffaßt für ein Fahrzeug, das

1. eine weitgehende Entlastung der Wasserstraßen herbeiführt, so daß kostspielige Umbauten von Schleusen und Kanälen unterbleiben können;

2. die Kanalsohle und die teueren Uferbefestigungen schont;
3. innerhalb Berlins die Wasserstraßen nur etwa $^1/_{10}$ soviel belastet als es durch andere Fahrzeuge ohne mechanische Entladeweise geschieht, ohne dabei eine Mindereinnahme aus Ufergeld oder Schleusengeld im ganzen herbeizuführen, da an derselben Ladestelle das 10fache Ufergeld einkommt;
4. die Anlage von Uferstraßen gestattet;
5. eine Belebung des Verkehrs zuläßt, wie sie beispielsweise nach Eröffnung des Großschiffahrtsweges eintreten muß.

Dem Verbraucher von Gütern, der mit der Höhe der Frachten rechnen muß, erscheinen die Empfindungen der Strombauverwaltung vielleicht menschlich verständlich, doch erkennt er sie so lange nicht als ausschlaggebend an, als ihm nicht auch ein wirtschaftlicher Vorteil nachgewiesen werden kann, der sich möglichst in geringeren Frachtsätzen ausdrücken muß. Denn schließlich hat es für ihn keinen Zweck, ein Fahrzeug zu begünstigen, das etwa nur auf Grund seines Vorschleuserechtes zurzeit konkurrenzfähig ist, während es nach Verdrängung der jetzt noch vorhandenen Betriebsmittel teurer arbeitet.

Von besonderem Interesse ist die Frage der Wirtschaftlichkeit von selbstfahrenden Kähnen und Schleppdampfern aber im Hinblick auf die Bestrebungen des Staates, das Schleppmonopol für die Binnenschiffahrt zu erlangen und private Schleppdampfer und Motorfahrzeuge von den Wasserstraßen zu verdrängen.

Eine bedeutsame Rolle bei diesen Fragen spielt der Teltowkanal, der mit seinem elektrischen Treidelbetrieb das Vorbild geben sollte für den Betrieb auf den geplanten Wasserstraßen.

Zunächst ist festzustellen, daß der Teltowkanal trotz seiner günstigen Lage nicht vermocht hat, auch nur einen nennenswerten Teil des Verkehrs an sich zu ziehen, da der Schiffer, der von der Havel zur Oberspree will, den Umweg über Berlin, trotz der Zeitverluste auf den belebten Wasserstraßen der Stadt vorzieht.

Es erscheint sehr verlockend, den Strom für den Treidelbetrieb in zentralen Kraftwerken, womöglich unter Ausnutzung der an den Schleusen frei werdenden Wasserkräfte zu erzeugen und den Schiffszug vom Leinpfad aus zu bewirken, wobei die in den Schiffsschrauben auftretenden Verluste vermieden werden. Gleichzeitig werden die Sohle und die Ufer des Wasserlaufes im Gegensatz zum Betrieb mit Schleppdampfern auf das äußerste geschont.

Leider bilden die Kosten für Betriebskraft nur einen Teil der Betriebskosten, da der Treidelweg und die elektrische Ausrüstung hohe Anlage- und Betriebskosten erfordern. Der Verkehr zum Ufer wird durch den Betrieb auf dem Leinpfad mit Schlepptrossen sehr beeinträchtigt.

In dem Buch von Sympher, „Der Schiffahrtsbetrieb auf dem Rhein-Weserkanal" ist versucht worden, die elektrische Treidelei als die günstigste Betriebsart nachzuweisen, indem Versuchsergebnisse auf dem Teltowkanal den Berechnungen zugrunde gelegt wurden, die einen Wirkungsgrad der Treidellokomotive von 75% ergaben. Die erheblichen Verluste in den Zuleitungen sind in den Sympherschen Berechnungen nicht berücksichtigt worden (Formeln S. 43 und 49). Über die Betriebsergebnisse der elektrischen Treidellokomotive ist nur wenig bekannt geworden. Aus einer gleichzeitig mit dem Sympherschen Werke veröffentlichten Arbeit von Rothe, „Der Schiffszug auf Wasserstraßen", in der das Wandertau auf beiden Seiten des Kanales als zweckmäßigste Betriebsweise empfohlen wird, geht hervor, daß auf dem Teltowkanal der Wirkungsgrad von 75% nur bei Paradeversuchen erzielt wurde, und daß $61^1/_2$% als Durchschnitt anzusehen sind. Der Verfasser, der als Regierungsbeamter anscheinend über die Verhältnisse gut unterrichtet ist, erklärt ausdrücklich, daß für Verluste in den Leitungen weitere 12—20% in Abzug zu bringen sind, so daß sich ein Wirkungsgrad von etwa 45% ergibt. Auch von unangenehmen Betriebserfahrungen, die sich auf den Drahtdiebstahl auf der unbewachten Strecke beziehen, ist dort die Rede.

Beobachtet man den Betrieb auf dem Teltowkanal, wo auf den zwischenliegenden Seen mit Dampfern geschleppt werden muß, so daß ein mehrfaches Umwechseln der Betriebsmittel stattfindet, und beobachtet man weiter, daß in der Schleuse die Schiffe sich selbst überlassen sind, so kommt man zu dem Ergebnis, daß dem gegenüber der Betrieb mit selbstfahrenden Schiffen wesentliche Vorteile bietet (vgl. auch S. 17 u. 70).

Da diese Fragen zurzeit eingehend von berufener Seite untersucht werden und über den Rahmen der vorliegenden Arbeit hinausgehen, kann hier nicht näher auf andere Einzelheiten eingegangen werden, die sich auf weitere Angaben der Sympherschen Schrift beziehen würden, auf die Betriebsweise auf langen Kanälen und fließenden Gewässern und auf die Möglichkeit, gewonnene Betriebsergebnisse auf größere Schiffstypen (600 t Kanalschiff) zu übertragen.

Die in folgendem aufgestellten Berechnungen der Wirtschaftlichkeit des Akkumulatorenfahrzeuges beruhen auf Betriebsergebnissen, die beweisen, daß das selbstfahrende Schiff in vielen Fällen sehr günstig arbeitet, da es wenig Strom braucht und besonders bei schwachem Betrieb auf Kanälen und Seen ein recht brauchbares Betriebsmittel bildet.

Es wäre zu wünschen, daß auch über andere Betriebsweisen, z. B. mit Sauggas- und Ölmaschinen derartige Betriebsergebnisse zum Nutzen der Allgemeinheit veröffentlicht würden, die in wirksamer Weise errechneten Werten entgegengestellt werden könnten.

Im vorliegenden Falle ist von besonderem Interesse zu untersuchen, ob die Kleinschiffahrt mit ihrer alten Betriebsweise noch den Wettbewerb aufnehmen kann, und ob sich der Betrieb mit Schleppdampfern nicht billiger gestaltet als mit Akkumulatorenfahrzeugen.

Die Berechnungen wurden einmal für die Strecke Zehdenick-Berlin, das andere Mal für Königswusterhausen-Berlin (Charlottenburger Ufer) aufgestellt, um den Vergleich mit der Guthmannschen Beförderungsweise durch Schleppdampfer zuzulassen. Leider konnte sich die Firma Guthmann nicht entschließen, Betriebsergebnisse ihrer Dampfer mitzuteilen, so daß Werte von anderen Dampfern und Schätzungen zugrunde gelegt werden mußten. Außerdem ist es sehr schwer, hier die Selbstkosten genau zu berechnen, da häufig Kähne der Mörtelwerke von Guthmannschen Dampfern und umgekehrt geschleppt werden. Die Dampfer schleppen bis zur Oberbaumbrücke, wobei sie vier Kähne anhängen dürfen. Von da werden die Schiffe vielfach von kleinen Dampfern der Mörtelwerke übernommen oder auch durch Staken durch Berlin befördert. Es kommt noch hinzu, daß drei verschiedene Schiffsgrößen verwendet werden, die 100 000, 80 000 und 60 000 Steine fassen bei 48 : 7, 46 : $6^1/_2$ und 44 : 6 m.

A. Wirtschaftlichkeit des Motorfahrzeuges mit Akkumulatorenbetrieb für den Ziegeltransport

(Finowkahn, Länge in Eisen 40 m, Breite auf Spanten 4,4 m, seitliche Höhe 1,90 m).

Feste jährliche Ausgaben:

		Mk.
1.	Abschreibung von 18 500 Mk. für den eisernen Kahn mit 5%	925,—
2.	Abschreibung von 10 000 Mk. für den elektrischen Teil mit 10%	1000, -
3.	Verzinsung von 18500 + 10000 = 28500 Mk. mit $4^1/_2$%	1285,—
4.	Unterhaltung der Batterie 6% von 7500 Mk. . .	450,—
5.	Reparatur und Unterhaltung des Kahnes	200,—
6.	Löhne für 2 Schiffer (115 + 95) × 10 Monate . . .	2100,—
7.	Assekuranz 1% (Beschädigung eigener und fremder Fahrzeuge, Feuer, Diebstahl, Haftpflicht)	285,—
	zusammen	6245,—

I. Strecke Zehdenick—Berlin.

Bei einem Gewicht der Steine von 2,8 kg und 1,3 m Tiefgang des Fahrzeuges (wegen der geringen Tiefe des Voßkanales) entsprechend einer Ladung von 55 000 Steinen = 154 t stellt sich der Stromverbrauch für den Kilometer (Durchschnitt aus Nutzfahrt und Leerfahrt) auf weniger als 1 KW.-St. einschließlich aller Verluste in Akkumulatoren, Motor, Getriebe und Schraube. Die Dauer der Hin- und Rückfahrt beträgt bei einer Entfernung von 87 km von Mitte Berlin (Weidendammer Brücke) bis Mitte Ziegelgebiet und einer Durchschnittsgeschwindigkeit von 4 km/std. höchstens 7—8 Tage (Einladen 1 Tag, Ausladen 1 Tag, 4 Schleusen bei Zehdenick, 1 Schleuse vor Berlin). Im Jahre können also 40 Fahrten gemacht werden.

		Mk.
1.	Einschurren der Steine wird von Ziegelei besorgt. Der Bootsmann muß eine Schurre bedienen. Die Kosten für die Ziegelei betragen Mk. 0,10 für Taus.	
2.	Feste Ausgaben (s. oben)	156,13
3.	Stromkosten 2 · 87 · 0,07 [1])	12,20
4.	Schleusen	32,—
5.	Auskranen 0,45 Mk. für das Tausend	24,75
	zusammen	225,08
6.	10% Verwaltungskosten (bei vollem Betrieb) . .	22,50
	zusammen	247,58

1) Selbstkosten des Stromes in Zehdenick 0,04 Mk./KW.-St.
Kosten - - Berlin 0,10 - -

Demgegenüber stehen Einnahmen bei einem Frachtsatz in Höhe von 5,25	288,75

II. Strecke Oberspree—Berlin (Königswusterhausen—Salzufer).

Fahrtdauer (einschließlich Ein- und Ausladen 3 Tage, so daß 100 Fahrten gemacht werden können).

	Mk.
1. Einschurren durch Ziegelei.	
2. Feste Ausgaben s. oben $\frac{6245}{100}$	62,45
3. Stromkosten $2 \times 44{,}7 \times 0{,}10$	8,94
4. Schleusen	9,—
5. Auskranen	24,75
zusammen	105,14
6. 10% Verwaltungskosten	10,51
zusammen	115,65
Einnahmen bei 4 Mk. für das Tausend Fracht	220,—
Unterschied	104,35

B. Wirtschaftlichkeit eines hölzernen Finowkahnes für 7000 Mk.

Feste jährliche Ausgaben.	Mk.
1. Abschreibung von 7000 Mk. für den Kahn zu 10%	700,—
2. Verzinsung zu $4^1/_2$%	315,—
3. Abschreibung von 1500 Mk. für Ausrüstung (Segel, Trossen usw., Inventar) mit 20%	300,—
4. Verzinsung zu $4^1/_2$%	67,50
5. Unterhaltung des Kahnes	150,—
6. der Ausrüstung	150,—
7. Löhne: Unterschied zwischen Jahreseinnahme und Selbstkosten zwischen Schiffer und Bootsmann geteilt	
8. Assekuranz $1^1/_2$%	97,50
	1780,—

I. Strecke Zehdenick-Berlin.

Bei einem Gewicht der Steine von 2,8 kg, 1,3 m Tiefgang können wie oben 55 000 Steine im Gewicht von 154 t geladen werden.

Die Dauer der Fahrt beträgt durchschnittlich 3—4 Wochen (1 Tag laden, Ausladen 4—6 Tage), so daß 13 Fahrten im Jahre zu machen sind.

	Mk.
1. Feste Ausgaben $\frac{1780}{13}$	137,—
2. Schleusen	32,—
3. Treideln und Schleppen (30–45 Mk.)	30,—
Ausgaben für eine Fahrt	199,—
Fracht - - - - 55×5,25	288,75
Einnahme für eine Fahrt	89,75
oder im Jahr	1166,75

Da dieser Überschuß zu gleichen Teilen zwischen Schiffer und Bootsmann geteilt wird, hat jeder bei kaufmännischer Berechnungsweise ca. 585 Mk. (vergl. auch S. 28) unter günstigen Annahmen zu verzehren, gegenüber einem festen Einkommen von 1150 Mk. bzw. 950 Mk. (für 10 Monate), das die Angestellten der Ziegeltransportgesellschaft haben außer der Wohneinrichtung, Beleuchtung und Heizung. Außerdem wirft das Akkumulatorenfahrzeug noch einen Gewinn von 40 × 41,17 = 1646,8 Mk. im Jahre ab, der auf die vollen Anschaffungskosten von 28 500 Mk. bezogen, diese Summe mit etwa 10 % verzinsen würde.

Würde der Schiffer gleichfalls Gelegenheit haben, für 0,45 Mk. pro Tausend seine Steine in kurzer Zeit auszukranen, so könnte er zwei Fahrten mehr im Jahre machen und würde auf etwa $\frac{1166,75 + 2 \cdot 89,75 - 0,45 \cdot 55 \cdot 15}{2}$ oder 487,50 Mk. kommen. Der Vorteil der Ziegeltransportgesellschaft besteht also nicht nur darin, daß sie mit ihren Krananlagen die Fahrzeuge schnell wieder fahrbereit machen kann, da der besonders ungünstig gestellte Kleinschiffer der Zehdenicker Strecke bei Benutzung der Krananlagen zu einem Tarif von 0,45 Mk. pro Tausend ein geringeres Jahreseinkommen trotz der größeren Zahl von Fahrten haben würde.

II. Strecke Königswusterhausen-Berlin.

Hier ist der Schiffer in der Lage, sich billig schleppen zu lassen, da hier vier Kähne zu einem Zuge vereinigt werden können und die breite Fahrstraße ein Ausweichen der Schleppzüge zuläßt. Der Wegfall der Schleusen, die jedesmal ein Auflösen und Wiederzusammensetzen des Schleppzuges bedingen, ist dem Betriebe auf der Strecke ebenfalls günstig. Die Schleppzüge gehen bis zur Oberbaumbrücke. Der Schiffer kann sich dann durch einen kleinen Dampfer weiterschleppen lassen, der zwei Kähne anhängt, oder er kann, wie es meistens geschieht, innerhalb Berlins staken.

1.	Feste Ausgaben bei 10 Tagen Fahrt (einschließlich Ein- und Ausladen), also 30 Fahrten im Jahr . . .	Mk. 59,30
2.	„Dampf" bis Oberbaumbrücke	8,—
3.	Stadtschleuse	9,—
	zusammen	76,30
	Fracht	220,—
	Unterschied	143,70

Verdienst im Jahre (ohne Löhne und Verwaltungskosten)

für den Holzkahn	Mk.	4 311,—
- - Akkumulatorenkahn	-	13 586,—

Tafel V.

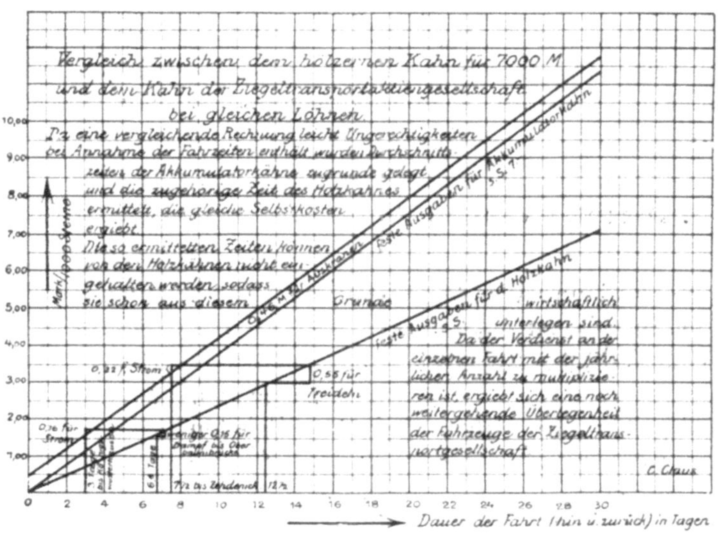

Bei gleichen Löhnen würde das Akkumulatorenfahrzeug einen höheren Nutzen ergeben. (Vergl. Tafel V) Das Einkommen von 2150 Mk., das sich für den Kleinschiffer ergeben würde, entspricht nicht den tatsächlichen Verhältnissen, unter denen der Schiffer nicht ständig auf einer so ungewöhnlich günstigen Strecke fährt. (Siehe S. 28 und Tafel V) Auch die Gesellschaft hat nicht überall so günstige Frachten, die, verglichen mit der Zehdenicker Strecke, in $^1/_3$ der Zeit über $^2/_3$ des Frachtsatzes nach Zehdenick ergeben.

C. Wirtschaftlichkeit des Schleppdampferbetriebes der Firma Guthmann.

Die Guthmann'sche Betriebsweise läßt sich, wie erwähnt, kaum zum Vergleich heranziehen, da es sich um etwa 300 000 Steine handelt, die täglich an derselben Stelle erzeugt werden. Die großen Schiffsgefäße, von denen die größten 100 000 Steine fassen, gestatten einen sehr günstigen Betrieb. Die Fabrik liegt in nächster Nähe Berlins am offenen Wasser, so daß sie auch im Winter verfrachten kann. 20 eiserne Kähne und zwei Schleppdampfer vermitteln den Austausch. Nimmt man an, daß täglich ein Schleppzug von vier Kähnen zu je 80 000 Steinen nach Berlin kommt, daß jeder Kahn drei Tage unterwegs ist und daß der große Dampfer die Kähne zwischen Niederlehme und Oberbaumbrücke, der kleine innerhalb Berlins schleppt, so stellen sich schätzungsweise die Selbstkosten wie folgt:

1. Dampfer von 150 PS im Werte von 40 000 Mk.:

		Mk.	
1. Abschreibung von 40 000 Mk. zu 10%		4000,—	
2. Verzinsung zu 4½%		1800,—	
3. Unterhaltung, Reparatur		1200,—	
zusammen		7000,—	
oder für die Fahrt, bei 300 Fahrten zwischen Niederlehme und Oberbaumbrücke			23,30
4. Löhne: Führer	140,—		
Maschinist	130,—		
Heizer	85,—		
Bootsmann	90,—		
	445,— × 12 = 5350 Mk.		17,80
5. Kohle 30 Ztr. × 0,90			27,—
6. Öl und Putzwolle			1,50
			Mk. 69,60

Dampfer von 80 PS.:

1. Abschreibung von 30 000 Mk. für den kleineren Dampfer von 80 PS. zu 10% =	3000,—	
2. Verzinsung zu $4^1/_2$%	1350,—	
3. Unterhaltung, Reparatur	800,—	
	5150,—	
für einen Tag		17,17
4. Löhne		17,80
5. Kohle 12 Ztr. × 0,90		10,80
6. Öl, Putzwolle		1,—
		Mk. 46,77

2. Kahn.

	Mk.	Mk.
1. Abschreibung von 24 000 Mk. zu 5% .	1200,—	
2. Verzinsung von 24 000 Mk. zu $4^1/_2$% . .	1080,—	
3. Unterhaltung	200,—	
	2480,—	
bei einer von 100 Fahrten		24,80
4. Löhne für 3 Leute . . . . 120,—		
2 × 90 = 180,—		
Mk. 300,—	monatlich	
oder für eine Fahrt		36,—
5. Schleuse		15,—
6. Dampferanteil $^1/_4$ von 69,60 Mk. + 46,77 = 116,37		29,10
		104,90
7. Verwaltungsunkosten 10%		10,50
	zusammen	115,40

für 80 000 Steine (1,45 Mk. ‰) gegenüber 91,— Mk. (1,65 Mk. ‰) bei der Ziegeltransportgesellschaft mit einer Ladung von 55 000 Steinen.

Berücksichtigt man die bessere Ausnutzung der großen Schiffsgefäße und den Umstand, daß es sich um ein Unternehmen handelt, das für sich einen vollen Schleppzug zu vier Schiffen täglich befördern kann, so scheint das Akkumulatorenfahrzeug mit dem kleinen Schiffsraum, der mit Rücksicht auf das Zehdenicker Gebiet gewählt wurde, im Vorteil zu sein, weil man sonst auf fremde Schleppdampfer angewiesen wäre, die Kähne verschiedener Herkunft befördern. Durch das Warten auf den Dampfer und das Zusammenstellen der Schleppzüge entstehen Aufenthalte, die besonders störend an den Schleusen sind, wo der Zug aufgelöst und wieder zusammengestellt werden muß. Auf der Finowkanalstrecke würde der Schleppdampferbetrieb entschieden im Nachteil sein, da hier nicht mehr als zwei Finowkähne (zu 55 000 Steinen) geschleppt werden dürfen und da mehrere Schleusen vorhanden sind. Bei dem Vergleich der beiden Betriebsarten muß man ferner berücksichtigen, daß die Kähne der Ziegeltransportgesellschaft zu sehr ungünstiger Zeit gebaut wurden, da der Preis für den Schiffskörper sich jetzt um etwa 3000 Mk. niedriger stellen würde und auch die Kosten für die Batterie reichlich hoch sind.

Die Verzinsung des Aktienkapitals von nur 10%, die auf dem Finowkanal bei lebhaftem Betriebe errechnet wurde, ist zu gering, um die Festlegung eines so großen Kapitals bei den unsicheren Rechnungsgrundlagen verlockend erscheinen zu lassen. Nur der Umstand, daß die Interessen der Akkumulatorenfabrik-A.-G. hinzukommen, lassen bei regelmäßigem Betrieb eine hinreichende Verzinsung bei den herrschenden Frachten zu.

Es ist daher im Interesse der Allgemeinheit und auch im Interesse der Schiffer zu begrüßen, daß ein solches Unternehmen, wie die Ziegeltransportgesellschaft, durch eine glückliche Interessenvereinigung ermöglicht wurde.

Auf einem der rückständigsten Gebiete war es die Tätigkeit des Ingenieurs, die schließlich bahnbrechend wirkte!

Als Ergebnis der vorliegenden Untersuchungen ist festzustellen:

1. Durch das Auftreten der Ziegeltransportgesellschaft ist eine willkommene Lösung schwieriger Verkehrsfragen auf den Berliner Wasserstraßen angebahnt, da die Wasserstraßen entlastet werden und die Schiffer als Angestellte bessere Lebensbedingungen finden, ohne daß eine Erhöhung der Frachten stattzufinden braucht.

2. Dieser Umschwung ist ermöglicht durch Verwendung selbstfahrender Schiffe, die eine ausreichende Verzinsung gewährleisten, um so mehr, als die im vorliegenden Falle als Geldgeberin auftretende Akkumulatorenfabrik sich mit einem geringeren Nutzen begnügen kann.

3. Die Motorfahrzeuge können nicht mehr in der alten Weise durch Auskarren entladen werden. Als Entladevorrichtungen kommen lediglich Krane in Frage, die selbst dem bei der alten Betriebsweise erzielten geringen Verdienst des selbstständigen Schiffers gegenüber billiger arbeiten können, wenn eine Schiffsladung in weniger als einem Tage ausgekrant wird.

4. Krananlagen ohne Stätteplatz bedingen eine zentrale Verteilungsstelle, die die Abfuhr nach mehreren Bauten regelt.

5. Eine Monopolstellung der Ziegeltransportgesellschaft zum Nachteil der Allgemeinheit erscheint im Anschluß an das neue Verfrachtungssystem und die Krankonzessionen ausgeschlossen.

6. Da die Behörden, insbesondere die Stadtverwaltungen, nicht in der Lage sind, Wandel zu schaffen, erscheint ihr Verhalten im vorliegenden Falle bei Erhebung von Abgaben vielfach unverständlich.

Druck von Leonhard Simion Nf. in Berlin SW. 48.

Karte
der märkischen Wasserstrafsen
und der
Ziegelgebiete mit ihrer Leistungsfähigkeit
(1000 Steine) ohne Kalksteine
59000
Ruppiner Wasserstrasse
Päwesin
101250
Untere Havelwasserstrasse
Döberitz
Milow
Pritzerbe
57000
Ketzin
83800
Havel
Götz
Deetz
39000
Plaue
Branden-
burg
111500
163250
Werder
99500
Potsdam
Lehnin
Havel

Voss Kanal
Havel
Werbellin-See
Oderberg
Oder
68000
Bralitz
Stettin
Finow Kanal
Eberswalde
Oder - Wasser - Strasse
Berlin
Herzfelde
194000
Rüdersdorf
Müggel-
See
Löcknitz
Spree
Spree - Oder
Wasser - Strasse
Dahme
Königswusterh.
Mittenwalde
Notte Kanal
Claus

M. Krayn

Verlagsbuchhandlung f. Technologie, Berlin W. 57, Kurfürstenstr. 11.

Soeben erschien:

Schriften des Verbandes Deutscher Diplom-Ingenieure

I.

Ingenieurstudium und Verwaltungsreform

von

W. Franz, Professor an der Technischen Hochschule zu Berlin.

Preis Mk. 1,50.

Mitglieder des Verbandes Deutscher Diplom-Ingenieure erhalten das Werk zum Preise von **Mk. 1,—**, wenn direkt vom Verlag bezogen.

In meinem Verlage erscheint:

Zeitschrift des Verbandes deutscher Diplom-Ingenieure

Herausgegeben vom Verbande. Schriftleiter: Prof. **W. Franz.**

Jährlich 24 Hefte

(Erscheint am 1. und 15. jeden Monats)

Abbonnementspreis: 10 Mk. jährlich, 2,50 Mk. vierteljährlich

Bezugspreis der Einzelnummer: 50 Pfg.

M. KRAYN

Verlagsbuchhandlung für Technologie

Berlin W. 57, Kurfürstenstr. 11.

In meinem Verlage erscheint im **dritten** Jahrgange:

„Die Fördertechnik"

Zeitschrift für den Bau und Betrieb der Hebezeuge und Transportanlagen, Pumpen, Gebläse und Pressen

Herausgeber: **Max Wille**, Geh. Reg.-Rat

Mitarbeiter:

Andrée, Ing — Dr-Ing. **Arlt**, Reg.-Rat. — **Baum**, Prof. — **Benoit**, Prof. — **Bente**, Obering — Dr.-Ing. **Blaess**, Reg.-Baumstr. — **Brelow**, Geh. Reg.-Rat. — **Brix**, Obering. — **Buhle**, Prof — **Dieterich**, Direktor. — Dr. **Döderlein**, Direktor. — **Franke**, Prof. — **Frühling**, Baurat. — **Geyer**, Reg.-Baumeister a. D. — Dr.-Ing. **Griessmann**. — **Grunewald**, Reg.-Baumeister. — **Guillery**, Baurat. — **von Hanffstengel**, Dipl.-Ing., Obering. — Dr.-Ing. **von Handorff**, Obering. — **Ilgner**, Ing. — **Kaplan**, Dozent. — **Kaufhold**, Direktor. — **Klein**, Prof. — Dr. **Kobes**, Prof. — **Körner**, Prof. — **Kübler**, Prof. — **Laponche**, Ing. — **Lufft**, Reg-Baumeister a. D. — **Lynen**, Prof. — **Michenfelder**, Dipl.-Ing. — **Philippi**, Obering. — **Pietrkowski**, Ing. — **von Roessler**, Prof. — Dr.-Ing. **Rötscher**, Prof. — Dr.-Ing. **Stauber**, Prof. — **Treptow**, Oberbergrat u. Prof. — **Wallichs**, Prof — **Weltzien**, Reg.-Rat. — **Wischow**, Direktor. — **Wittfeld**, Geh. Oberbaurat.

Der gewaltigen Entwicklung der Technik entsprechend hat sich die **„Die Fördertechnik"** als ein für sich abgegrenztes Fachgebiet entwickelt. „Die Fördertechnik" wird diesem großen Interessentenkreise Rechnung tragen und der III. Jahrgang dieser Zeitschrift, für welche eine große Anzahl von hervorragenden Mitarbeitern bereits gewonnen, allen Ansprüchen, die an eine **wissenschaftliche Fachzeitschrift gestellt werden, in jeder Weise entsprechen.**

Der Abonnementspreis beträgt Mk. 3,— pro Quartal und Mk. 12,— pro Jahr.

Probenummern gratis.

Zu beziehen durch jede Buchhandlung, durch die Post u. den Verlag.

Druck von Leonhard Simion Nf. in Berlin SW.

Bei Fragen zur Produktsicherheit wenden Sie sich bitte an:
If you have any questions regarding product safety,
please contact:

Walter de Gruyter GmbH
Genthiner Straße 13
10785 Berlin
productsafety@degruyterbrill.com